技工院校一体化课程教学改革规划教材

水中重金属元素指标分析工作页

SHUIZHONG ZHONGJINSHU YUANSU ZHIBIAO FENXI GONGZUOYE

李椿方◎主编　范云慧◎副主编
童华强◎主审

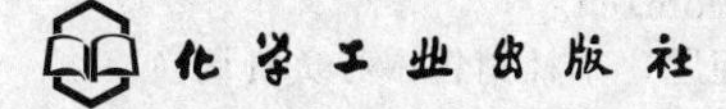

化学工业出版社

·北京·

本书主要包含“生活污水中铅含量的分析”、“工业废水中铜含量的分析”、“工业废水中汞含量的分析”三个环境保护与检测专业高级工学习任务，通过三个学习任务来整合环境保护与检验专业学生处理和解决疑难问题中涉及的技能点和知识点。

本书适合相关专业教师、学生及技术人员参考阅读。

图书在版编目(CIP)数据

水中重金属元素指标分析工作页/李椿方主编．—北京：化学工业出版社，2016.1
技工院校一体化课程教学改革规划教材
ISBN 978-7-122-21601-4

Ⅰ.①水… Ⅱ.①李… Ⅲ.①水污染-重金属污染-金属元素-元素分析-教材 Ⅳ.①X832

中国版本图书馆 CIP 数据核字（2014）第 176321 号

责任编辑：曾照华　　装帧设计：韩　飞
责任校对：李　爽

出版发行：化学工业出版社（北京市东城区青年湖南街 13 号　邮政编码 100011）
印　　刷：北京永鑫印刷有限责任公司
装　　订：三河市宇新装订厂
787mm×1092mm　1/16　印张 10¾　字数 260 千字　2016 年 2 月北京第 1 版第 1 次印刷

购书咨询：010-64518888（传真：010-64519686）　售后服务：010-64518899
网　　址：http://www.cip.com.cn
凡购买本书，如有缺损质量问题，本社销售中心负责调换。

定　　价：32.00 元

序

所谓一体化教学的指导思想是指以国家职业标准为依据，以综合职业能力培养为目标，以典型工作任务为载体，以学生为中心，根据典型工作任务和工作过程设计课程体系和内容，培养学生的综合职业能力。在“三三则”原则的基础上，在课程开发实践中，我院逐步提炼出课程开发“六步法”：即一体化课程的开发工作可按照职业和工作分析、确定典型工作任务、学习领域描述、项目实践、课业设计（教学项目设计）、课程实施与评价六个步骤开展。借助“鱼骨图”分析技术，按照工作过程对学习任务的每个环节应学习的知识和技能进行枚举、排列、归纳和总结，获取每个学习任务的操作技能和学习知识结构；同时，利用对一门课的不同学习任务鱼骨图信息的比较、归类、分析与综合，搭建出整个课程的知识、技能的系统化网络。

一体化课程的工作页，是帮助学生实现有效学习的重要工具，其核心任务是帮助学生学会如何工作。学习任务是指典型工作任务中，具备学习价值的代表性工作任务。学习目标是指完成本学习任务后能够达到的行为程度，包括所希望行为的条件、行为的结果和行为实现的技术标准，引导学习者思考问题的设计。为了提高学习者完成学习任务的主动性，应向学习者提出需要系统化思考的学习问题，即“引导问题”，并将“引导问题”作为学习工作的主线贯穿于完成学习任务的全部过程，让学生有目标地在学习资源中查找到所需的专业知识、思考并解决专业问题。

本书以环境保护与检测专业水质分析中典型工作任务为基础，以“接受任务、制定方案、实施检测、验收交付、总结拓展”五个工作环节为主线，详细编制了分析检验操作过程中的作业项目、操作要领和技术要求等内容。本书的最大特点是突出了“完整的操作技能体系和与之相适应的知识结构”的职业教育理念，精心设计了“总结与拓展”环节，并制定了教学环节中的“过程性评价”。本书章节编排合理，内容系统、连贯、完整，图文并茂，实操性强，具有较强的实用性。在本书的编写过程中，我们得到了北京市环境保护监测中心、北京市城市排水监测总站有限公司、北京市理化分析测试中心等单位的多名技术专家老师的指导，在此表示衷心的感谢。

编者

2015 年 6 月

前言

本书针对全国开设环境保护与检验专业水质分析检测的技工院校和中职学校。

本书是针对环境保护与检验专业中水质分析检测方面一体化技师班学习“水中重金属元素指标分析”专业知识编写的一体化课程教学工作页。书中主要包含“生活污水中铅含量的分析”、“工业废水中铜含量的分析”和“工业废水中汞含量的分析”三个环境保护与检测专业高级工学习任务，通过三个学习任务来整合环境保护与检验专业学生处理和解决疑难问题中涉及的技能点和知识点。适合相关专业教师、学生及技术人员参考阅读。

本书主要使用引导性问题来引领学生按照六步法的顺序完成学习任务。书中大量使用仪器图片及结构原理图片，使学生在学习上直观易懂，在问题设置上前后衔接紧密，不论是教师教学还是学生学习都能按照企业实际工作流程一步一步完成任务，真正做到一体化教学。

由于编者水平有限，书中难免有不妥之处，敬请广大读者指正。

编者

2015 年 8 月

目 录

水中重金属元素指标分析工作页
SHUIZHONG ZHONGJINSHU YUANSU ZHIBIAO FENXI GONGZUOYE

学习任务一　生活污水中铅含量的分析 —— 1

任务书 …… 2

学习活动一　接受任务 …… 3

学习活动二　制定方案 …… 13

学习活动三　实施检测 …… 19

学习活动四　验收交付 …… 42

学习活动五　总结拓展 …… 50

学习任务二　工业废水中铜含量的分析 —— 61

任务书 …… 62

学习活动一　接受任务 …… 63

学习活动二　制定方案 …… 72

学习活动三　实施检测 …… 77

学习活动四　验收交付 …… 97

学习活动五　总结拓展 …… 104

学习任务三　工业废水中汞含量的分析 —— 113

任务书 …… 114

学习活动一　接受任务 …… 115

学习活动二　制定方案 …… 123

学习活动三　实施检测 …… 129

学习活动四　验收交付 …… 148

学习活动五　总结拓展 …… 155

学习任务一

生活污水中铅含量的分析

任务书

一、任务情景描述

受北京城市排水集团高碑店污水处理厂的委托，对化工路生活污水进行样品重金属含量分析，以尽快判断水质受重金属污染情况，从而采取相应措施降低能耗，提高生产效率。我院分析检测中心接到该任务，选择重金属铅指标并由高级工来完成。请你按照水质标准要求，制定检测方案，完成分析检测，出具检测报告并进行合理化的建议，要求在5个工作日内完成对5个采样点的水质分析，要求结果铅的批内相对标准偏差＜10%。

二、学习活动及课时分配表(表1-1)

表 1-1　学习活动及课时分配表

活动序号	学习活动	学时安排	备　　注
1	接受任务	4学时	
2	制定方案	10学时	
3	实施检测	36学时	
4	验收交付	4学时	
5	总结拓展	6学时	

学习活动一　接受任务

本活动将进行 4 学时，通过该活动，我们要明确“分析测试业务委托书”（表 1-3）中任务的工作要求，完成重金属铅含量的测定任务。 具体工作步骤及要求见表 1-2。

表 1-2　具体工作步骤及要求

序号	工作步骤	要　求	学时	备注
1	识读任务书	能快速准确明确任务要求并清晰表达，在教师要求的时间内完成，能够读懂委托书各项内容、检测指标的特征与检测方法内涵	1. 0 学时	
2	确定检测方法和仪器设备	能够选择任务需要完成的方法，并进行时间和工作场所安排，掌握相关理论知识	1. 0 学时	
3	编制任务分析报告	能够清晰地描写任务认知与理解等，思路清晰，语言描述流畅	1. 5 学时	
4	评价		0. 5 学时	

表 1-3　北京市工业技师学院分析测试中心

分析测试业务委托书

批号：　　　　　　　　　　　　　　　　　　　　　　记录格式编号：AS/QRPD002-10

顾客产品名称	生活污水	数　量	10
顾客产品描述			
顾客指定的用途			
顾客委托分析测试事项情况记录			
测试项目或参数	铅等重金属的检测		
检测类别	□咨询性检测　√仲裁性检测　□诉讼性检测		
期望完成时间	□普通 年 月 日　√加急 年 月 日　□特急 年 月 日		
顾客对其产品及报告的处置意见			
产品使用完后的处置方式	□顾客随分析测试报告回收； □按废物立即处理； □按副样保存期限保存　√3 个月　□6 个月　□12 个月　□24 个月		
检测报告载体形式	□纸质　□软盘　√电邮	检测报告送达方式	□自取　普通邮寄 □传真　√电邮
顾客名称（甲方）	北京城市排水集团高碑店污水处理厂	单位名称（乙方）	北京市工业技师学院分析测试中心
地址	北京市朝阳区高碑店甲一号	地址	北京市朝阳区化工路 51 号
邮政编码	100022	邮政编码	100023
电话	010-67745522	电话	010-67383433
传真	010-67745523	传真	010-67383433
E-mail	Zhaijj2011@163. com	E-mail	chunfangli@msn. com
甲方委托人（签名）		甲方受理人（签名）	
委托日期	年　月　日	受理日期	年　月　日

注：1. 本委托书与院 ISO 9001　顾客财产登记表（AS/QRPD754—01 表）等效。

2. 本委托书一式三份，甲方执一份，乙方执两份。甲方“委托人”和乙方“受理人”签字后协议生效。

一、识读任务书

1. 请同学们用红色笔划出委托单当中的关键词，并把关键词抄在下面横线上。

____

____

____

2. 请你从关键词中选择词语组成一句话，说明该任务的要求。（要求：其中包含时间、地点、人物以及事件的具体要求）

____

____

____

3. 委托书中需要检测的项目有重金属铅含量的检测。任务要求我们检测生活污水中铅含量，请你回忆一下，之前检测过水质的哪些指标呢？采用的是什么方法（表 1-4）？

表 1-4 指标及采用方法

序号	指标	采用方法
1		
2		
3		
4		
5		

4. 之前学习过的水质测定项目中，你认为难度最大的项目是什么，最需要加强练习的环节又是什么？（以水质挥发酚的测定为例，写出不少于三条）

（1）____________________

（2）____________________

（3）____________________

5. 通过查阅相关标准，生活污水中铅测定的主要工作流程是什么？请你总结每一步骤的要点及注意事项。

（1）____________________

（2）____________________

（3）____________________

（4）____________________

（5）____________________

6. 铅的认识

（1）铅是重金属污染中毒性较大的一种，一旦进入人体将很难排除，能直接伤害人的脑细胞，特别是胎儿的神经系统，可造成先天智力低下。甘肃徽县铅污染致使 300 多名儿童铅中毒、陕西凤翔铅污染致 160 多名孩子血铅超标等具有较大影响的事件已发生多起。国际上关于儿童铅中毒的防治有著名的“三句话”：环境干预是根本手段，健康教育是主要方法，临床治疗是重要环节。为此，儿童铅中毒防治专家常常给年轻父母们推荐“防铅 11 法”。请你查阅相关资料，试写出几种常见的儿童防铅方法。（不少于 3 点）

①____

____

②____

____

③____

____

(2) 当水体受到污染时，可采用中和法处理，即投加石灰乳调节 pH 到 7.5，使铅以氢氧化铅沉淀的形式从水中转入污泥中。用机械搅拌可加速澄清，净化效果为 80%～96%，处理后的水铅浓度为 0.37～0.40mg/L，而污泥再做进一步的无害化处理。对于受铅污染的土壤，可加__________等改良剂，降低土壤中铅的活性，减少作物对铅的吸收。

(3) 铅对环境的污染，一是由冶炼、制造和使用铅制品的工矿企业，尤其是来自有色金属冶炼过程中所排出的含铅废水、废气和废渣造成的。二是由汽车排出的含铅废气造成的，汽油中用四乙基铅作为抗爆剂（每公斤汽油用 1～3g），在汽油燃烧过程中，铅便随汽车排出的废气进入大气。下列图片能够引起铅污染的是（　　）。

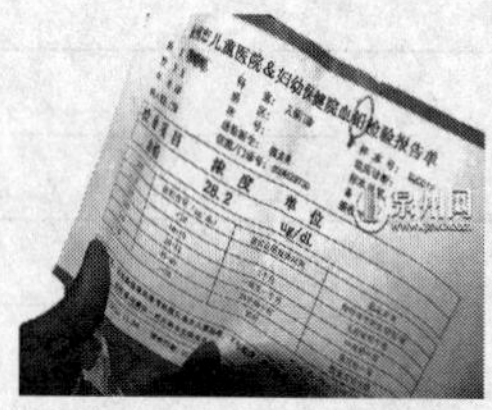

A. 电脑线路板　　B. 工厂废气　　C. 蓄电池　　D. 儿童血铅含量

7. 2011 年 7 月 9 日，随着中央电视台《新闻调查》节目以《铅污染谁之过》为题曝光了河南省灵宝市矿业重镇上千村民受到××铅业有限责任公司铅危害的污染事件。据居住在这里的村民反映：××铅业有限责任公司生产时会出现天上浓烟滚滚、空中灰尘飞扬、地上污水横流的现象，造成当地庄稼停止生长、有水不能饮用、空气中弥漫着刺鼻的二氧化硫味道。请你根据以上现象描述，该企业铅污染主要途径：一是______________；二是______________；三是______________。

8. 趣味知识

(1) 铅是一种积累性毒物，人类通过食物链摄取铅，也能从被污染的空气中摄取铅，而蓄积在人体软组织，包括血液中的铅达到一定程度（人的成年初期）后，然后几乎不再变化，多余部分会自行排出体外，表现出明显的周转率。下列食物中有可能对铅有很强富集作用的是（　　）。

A. 菠菜　　B. 大米　　C. 鱼类　　D. 苹果

(2) 沉积骨中的铅盐并不危害身体，中毒的深浅主要决定于血液及组织中的含铅量，血中铅含量如超过 100μg/L，即产生中毒症状。慢性中毒症状极为多样化，特征也多，主要有肠胃道的紊乱，如食欲不振、便秘（有时为腹泻）、由于小肠痉挛而发生铅绞痛、齿龈及颊黏膜上由于硫化铅的沉着而形成的灰蓝色铅线等。神经系统受侵犯而发生头痛、头晕、疲乏、烦躁易怒、失眠，晚期可发展为铅脑病，引起幻觉、谵妄、惊厥等；外周可发生多发性神经炎，出现铅毒性瘫痪。请你查阅资料，说明儿童铅中毒的相关表现有哪些。

①

②

③

④

(3) 生活中的污染随处可见，比如在家庭内有很多需要注意的方面。

① 小红家里经装修后焕然一新，她的房间更是装饰得五颜六色。请你查阅相关资料说出新装修家庭中造成空气中铅污染的主要方面。

(a)

(b)

(c)

② 小红在房间摆放了很多玩具，还有喜爱的汽车模型、彩色积木、图书画册等。她经常抱着玩具睡觉，有时在玩玩具后不洗手直接拿东西吃。请你指出她错误的地方有哪些。

(a)

(b)

(c)

③ 给小红家装修的是一个小公司，在装修饮用水管时采用铅盐做稳定剂的 PVC 饮用水管材、管件。请你根据所学知识，说明她家的饮用水管装修不合格的原因。

(a)

(b)

(c)

9. 通过查阅相关资料，请你写出检测水质中铅的方法（表 1-5）。

表 1-5　检测水质中铅的方法

序号	标准名称	标准编号	适用范围	方法简要原理	检出限
1					
2					
3					
4					
5					

二、确定检测方法和仪器设备

1．任务书要求________天内完成该项任务，那么我们选择什么样的检测方法来完成呢？回忆一下之前所完成的工作，方法的选择一般有哪些注意事项？小组讨论完成，列出不少于3点，并解释。

（1）______________________________

（2）______________________________

（3）______________________________

2．请查阅相关国标，并以表格形式罗列出检测项目都有哪些检测方法、特征（表 1-6）。

表 1-6　检测方法及特征

检测项目	国标	检测方法	特征（主要仪器设备）
铅			

3. 阅读以下资料，完成问题。

(1) 标准有哪些分类？

国家标准分类按照标准化对象，通常把标准分为技术标准、管理标准和工作标准三大类。

技术标准：对标准化领域中需要协调统一的技术事项所制定的标准。它包括基础标准、产品标准、工艺标准、检测试验方法标准及安全、卫生、环保标准等。

管理标准：对标准化领域中需要协调统一的管理事项所制定的标准。

工作标准：对工作的责任、权利、范围、质量要求、程序、效果、检查方法、考核办法所制定的标准。

(2) 标准有哪些级别？

按照标准的适用范围，我国的标准分为国家标准、行业标准、地方标准和企业标准四个级别。

请将下列对应的各项连线：

强制性国家标准	GB/T
推荐性国家标准	GB/Z
国家标准指导性技术文件	GB
化工行业标准	QB
地方标准	HG
企业标准	DB

(3) 标准的格式由几部分组成。任务单中所列标准 GB/T 5750.2—2006，其中 GB/T 表示________，5750.2 表示________，2006 表示________。

4. 谈谈你对仲裁性检测的理解是什么？(不少于三条)

(1) ____________________

____

(2) ____________________

____

(3) ____________________

____

5. 检测方法如何达到加急的要求？(不少于三条)

(1) ____________________

____

(2) ____________________

____

(3) ____________________

____

三、编制任务分析报告（表1-7）

表1-7 任务分析报告

1. 基本信息

	项目	名称	备注
1	委托任务的单位		
2	项目联系人		
3	委托样品		
4	检验参照标准		
5	委托样品信息		
6	检测项目		
7	样品存放条件		
8	样品处置		
9	样品存放时间		
10	出具报告时间		
11	出具报告地点		

2. 任务分析

（1）GB/T 5750.6—2006《生活饮用水标准检验方法金属指标》要求对水中铅含量进行测定分别采用了哪些检测方法？

（2）针对生活污水中铅含量进行测定你准备分别选择哪一种？选择的依据是什么？

序号	检测项目	选择方法	选择依据
1			
2			
3			
4			
5			

（3）选择方法所使用的仪器设备列表

序号	检测项目	检测方法	主要仪器设备
1			
2			
3			
4			
5			
6			
7			
8			
9			

四、评价（表1-8）

表1-8 评价

项次		项目要求	配分	评分细则	自评得分	小组评价	教师评价
素养（20分）	纪律情况（5分）	按时到岗，不早退	2分	缺勤全扣，迟到、早退出现一次扣1分			
		积极思考回答问题	2分	根据上课统计情况得1～2分			
		学习用品准备	1分	自己主动准备好学习用品并齐全1分			
		执行教师命令	0分	此为否定项，违规酌情扣10～100分，违反校规按校规处理			
	职业道德（6分）	主动与他人合作	2分	主动合作得2分；被动合作得1分			
		主动帮助同学	2分	能主动帮助同学得2分；被动得1分			
		严谨、追求完美	2分	对工作精益求精且效果明显得2分；对工作认真得1分；其余不得分			
	5S（4分）	桌面、地面整洁	2分	自己的工位桌面、地面整洁无杂物得2分；不合格不得分			
		物品定置管理	2分	按定置要求放置得2分；其余不得分			
	阅读能力（5分）	快速阅读能力	5分	能快速准确明确任务要求并清晰表达得5分；能主动沟通在指导后达标得3分；其余不得分			
核心技术（60分）	识读任务书（20分）	委托书各项内容	5分	能全部掌握得5分；部分掌握得2～3分；不清楚不得分			
		重金属铅测定方法的优点及难点	5分	总结全面到位得5分；部分掌握得3～4分；不清楚不得分			
		重金属铅测定标准查阅及总结	5分	全部阐述清晰得5分；部分阐述3～4分；不清楚不得分			
		重金属铅危害及防治	5分	全部阐述清晰得5分；部分阐述3～4分；不清楚不得分			
	列出检测方法和仪器设备（15分）	每种检测方法的罗列齐全	5分	方法齐全，无缺项得5分；每缺一项扣1分，扣完为止			
		列出的相对应的仪器设备齐全	5分	齐全无缺项得5分；有缺项扣1分；不清楚不得分			
		对仲裁性及加急检测的理解与要求	5分	全部阐述清晰5分；部分阐述清晰3～4分；不清楚不得分			
	任务分析报告（25分）	基本信息准确	5分	能全部掌握得5分；部分掌握得1～4分；不清楚不得分			
		最终选择的检测方法合理有效	5分	全部合理有效得5分，有缺项或者不合理扣1分			
		检测方法选择的依据阐述清晰	5分	清晰能得5分，有缺陷或者无法解释的每项扣1分			
		选择的检测方法与仪器设备匹配	5分	已选择的检测方法的仪器设备清单齐全得5分；有缺项或不对应的扣1分			
		文字描述及语言	5分	语言清晰流畅得5分；文字描述不清晰，但不影响理解与阅读得3分；字迹潦草无法阅读得0分			
工作页完成情况（20分）	按时、保质保量完成工作页（20分）	按时提交	4分	按时提交得4分，迟交不得分			
		书写整齐度	3分	文字工整、字迹清楚，视情况得1～3分			
		内容完成程度	4分	按完成情况分别得1～4分			
		回答准确率	5分	视准确率情况分别得1～5分			
		有独到的见解	4分	视见解程度分别得1～4分			
合计			100分				
总分[加权平均分（自评20%，小组评价30%，教师评价50%）]							
组长签字：				教师评价签字：			

续表

<table>
<tr><td>请你根据以上打分情况，对本活动当中的工作和学习状态进行总体评述（从素养的自我提升方面、职业能力的提升方面进行评述，分析自己的不足之处，描述对不足之处的改进措施）。</td></tr>
<tr><td>教师指导意见</td></tr>
</table>

学习活动二　制定方案

建议学时：10学时

学习要求：通过对生活污水中铅含量的测定方法的分析，编制工作流程表、仪器设备清单，完成检测方案。具体要求见表1-9。

表1-9　具体工作步骤及要求

序号	工作步骤	要　求	学时	备注
1	编制工作流程	在45min内完成，流程完整，确保检测工作顺利有效完成	1.0学时	
2	编制仪器设备清单	仪器设备、材料清单完整，满足重金属检测试验进程和客户需求	2.5学时	
3	编制检测方案	在90min内完成编写，任务描述清晰，检验标准符合客户要求、国标方法要求，工作标准、工作要求、仪器设备等与流程内容一一对应	6.0学时	
4	评价		0.5学时	

一、编制工作流程

1. 我们之前完成了水中挥发酚的检测项目，回忆一下分析检测项目的主要工作流程一般可分为5部分完成，分别是配制溶液、确认仪器状态、验证检测方法、实施分析检测和出具检测报告。

请回忆一下，各部分的主要工作任务有哪些呢？各部分的工作要求分别是什么？大约需要花费多少时间呢？（表1-10）

表1-10　任务名称：＿＿＿＿＿＿

序号	工作流程	主要工作内容	评价标准	花费时间/h
1	配制溶液			
2	确认仪器状态			
3	验证检测方法			
4	实施分析检测			
5	出具检测报告			

2. 请你分析本项目选择的检测方法和作业指导书，写出工作流程，并写出完成的具体工作内容和要求（表1-11）。

表1-11　工作流程内容及要求

序号	工作流程	主要工作内容	要求
1			
2			
3			
4			
5			
6			
7			
8			
9			
10			

二、编制仪器设备清单

1. 为了完成检测任务，需要用到哪些试剂呢？请列表完成（表1-12）。

表1-12　试剂规格及配制方法

序号	试剂名称	规格	配制方法
1			
2			
3			
4			
5			
6			
7			
8			
9			
10			

2. 为了完成检测任务，需要用到哪些仪器设备呢？请列表完成（表 1-13）。

表 1-13 设备规格及作用

序号	仪器名称	规格	作用	是否会操作
1				
2				
3				
4				
5				
6				
7				
8				
9				
10				

3. 如何配制 1000mg/L 贮备铅标准溶液的呢（表 1-14）?

表 1-14 配制标准溶液

采用的药品	试剂纯度等级	配制方法
硝酸铅		称量____g，定容至____mL
一氧化铅		称量____g，定容至____mL
碳酸铅		称量____g，定容至____mL
四乙酸铅		称量____g，定容至____mL

举例，写出一种药品配制的计算过程。

4. 如果要配制 100mg/L 贮备铅中间溶液，你的操作步骤是怎样的？

三、编制检测方案（表 1-15）

表 1-15 检测方案

方案名称：

一、任务目标及依据

（填写说明：概括说明本次任务要达到的目标及相关标准和技术资料）

二、工作内容安排

（填写说明：列出工作流程、工作要求、仪器设备及试剂、人员和时间安排等）

工作流程	工作要求	仪器设备及试剂	人员	时间安排

三、验收标准

（填写说明：本项目最终的验收相关项目的标准）

四、有关安全注意事项及防护措施等

（填写说明：对检测的安全注意事项及防护措施，废弃物处理等进行具体说明）

四、评价（表 1-16）

表 1-16　评价

评分项目			配分	评分细则	自评得分	小组评价	教师评价
素养（20 分）	纪律情况（5 分）	不迟到，不早退	2 分	违反一次不得分			
		积极思考回答问题	2 分	根据上课统计情况得 1～2 分			
		三有一无（有本、笔、书，无手机）	1 分	违反规定不得分			
		执行教师命令	0 分	此为否定项，违规酌情扣 10～100 分，违反校规按校规处理			
	职业道德（5 分）	与他人合作	2 分	主动合作得 2 分；被动合作得 1 分			
		追求完美	3 分	对工作精益求精且效果明显得 3 分；对工作认真得 2 分；其余不得分			
	5S（5 分）	场地、设备整洁干净	3 分	合格得 3 分；不合格不得分			
		服装整洁，不佩戴饰物	2 分	合格得 2 分；违反一项扣 1 分			
	职业能力（5 分）	策划能力	3 分	按方案策划逻辑性得 1～3 分			
		资料使用	2 分	正确查阅作业指导书和标准得 2 分			
		创新能力 *（加分项）	5 分	项目分类、顺序有创新，视情况得 1～5 分			
核心技术（60 分）	时间（5 分）	时间要求	5 分	90 分钟内完成得 5 分；超时 10 分钟扣 2 分			
	目标依据（5 分）	目标清晰	3 分	目标明确，可测量得 1～3 分			
		编写依据	2 分	依据资料完整得 2 分；缺一项扣 1 分			
	检测流程（15 分）	项目完整	7 分	完整得 7 分；错/漏一项扣 1 分			
		顺序	8 分	全部正确得 8 分；错/漏一项扣 1 分			
	工作要求（5 分）	要求清晰准确	5 分	完整正确得 5 分；错/漏一项扣 1 分			
	仪器设备试剂（10 分）	名称完整	5 分	完整、型号正确得 5 分；错/漏一项扣 1 分			
		规格正确	5 分	数量型号正确得 5 分；错/漏一项扣 1 分			
	人员（5 分）	组织分配合理	5 分	人员安排合理，分工明确得 5 分；组织不当视情况得 1～4 分			
	验收标准（5 分）	标准	5 分	标准查阅正确、完整得 5 分；错/漏一项扣 1 分			
	安全注意事项及防护等（10 分）	安全注意事项	5 分	归纳正确、完整得 5 分；其他视情况得 1～4 分			
		防护措施	5 分	按措施针对性，有效性得 1～5 分			
工作页完成情况（20 分）	按时完成工作页（20 分）	按时提交	5 分	按时提交得 5 分，迟交不得分			
		完成程度	5 分	按情况分别得 1～5 分			
		回答准确率	5 分	视情况分别得 1～5 分			
		书面整洁	5 分	视情况分别得 1～5 分			
总分							
综合得分（自评 20%，小组评价 30%，教师评价 50%）							
教师评价签字：			组长签字：				

续表

请你根据以上打分情况，对本活动当中的工作和学习状态进行总体评述（从素养的自我提升方面、职业能力的提升方面进行评述，分析自己的不足之处，描述对不足之处的改进措施）。
教师指导意见

学习活动三 实施检测

建议学时：36 学时

学习要求：按照检测实施方案中的内容，完成生活污水中铅含量的分析，过程中符合安全、规范、环保等5S要求，具体要求见表1-17。

表 1-17 具体工作步骤及要求

序号	工作步骤	要求	学时	备注
1	配制溶液	规定时间内完成溶液配制，准确，原始数据记录规范，操作过程规范	4.0学时	
2	确认仪器状态	能够在阅读仪器的操作规程指导下正确地操作仪器，并对仪器状态进行准确判断	8.0学时	
3	验证检测方法	能够根据方法验证的参数，对方法进行验证，并判断方法是否合适	8.0学时	
4	实施分析检测	严格按照标准方法和作业指导书要求实施分析检测，最后得到样品数据	15.5学时	
5	评价		0.5学时	

一、安全注意事项

现在我们要学习一个新的检测任务——生活污水中铅含量的分析，使用的仪器主要是原子吸收分光光度计。原子吸收分析中经常接触电器设备、高压钢瓶、使用明火，因此应时刻注意安全，掌握必要的电器常识、急救知识、灭火器的使用等相关知识。请你查阅相关资料回答下列问题。

1. 实训室中可以使用的安全措施有哪些？

2. 试验过程中如发生乙炔气体泄漏、停电等紧急情况，你的操作方法是什么？

3. 在实验室使用乙炔时，人不要远离试验台。如果火焰不正常熄灭而又没有及时关闭阀门，乙炔就会在实验室里扩散，遇到明火就会有发生的危险。如果实验室发生火灾且火焰不大时，你选择的灭火工具是（　　）。

A. 灭火器

B. 灭火毯

C. 灭火桶

D. 墩布

二、配制溶液

1. 请你查阅相关资料，完成标准贮备液的配制，并做好原始记录（表 1-18）。

表 1-18　标准贮备液配制

采用的药品	试剂纯度等级	配制方法
硝酸铅		称量____g，定容至____mL
一氧化铅		称量____g，定容至____mL
碳酸铅		称量____g，定容至____mL
四乙酸铅		称量____g，定容至____mL

2. 上表中应该选择哪种物质来配制标准贮备液？选择的理由是什么？

3. 你们小组设计的标准工作液浓度多少（表 1-19）？

表 1-19　标准工作液浓度

容量瓶编号	标准溶液				
	1	2	3	4	5
铅标准工作液浓度/(mg/L)					
吸取标准贮备液的体积/(mL)					
定容体积/(mL)					
铅中间贮备液浓度/(mg/L)					

记录配制过程：

(1) ______

(2) ______

(3) ______

(4) ______

(5) ______

你的小组在配制过程中出现的异常现象及处理方法：

(1) ______

(2) ______

(3) ______

(4) ______

4. 国标中在配制铅标准溶液中，在 1000mL 纯水中加 1.5mL 硝酸。在水样预处理过程中有“每升水样中加 1.5mL 硝酸酸化使 pH 小于 2”，水样中加 1.5mL 硝酸的作用是什么？国标这样写的目的是什么？

三、确认仪器状态

1. 原子吸收仪器由光源、原子化器、分光系统和检测系统四部分组成，请你参考实训室仪器操作手册和图 1-1，填写表 1-20。

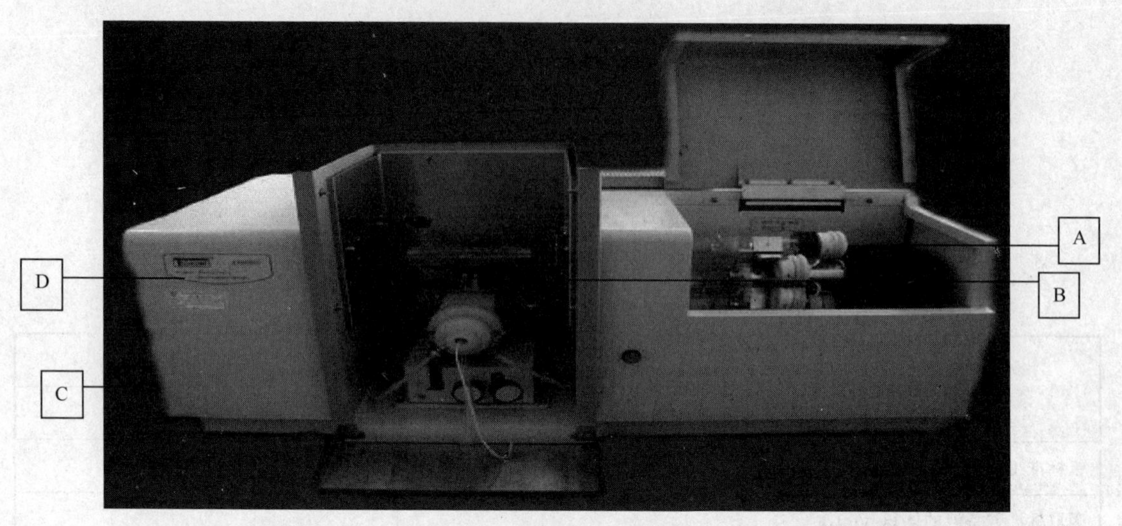

图 1-1　原子吸收分光光度计组成

表 1-20　名称及作用

代号	名称	作用	组成或种类
A			
B			
C	分光系统		
D	检测系统		

2. 图 1-2 为原子吸收分析示意图，原子吸收分析的流程为：试液经吸样毛细管吸入原子化器，在高速气流作用下喷射成细雾与燃气混合后进入燃烧的火焰中，被测元素在火焰中转化为原子蒸气。气态的基态原子吸收从光源发射出的与被测元素吸收波长相同的特征谱线，使该谱线的强度减弱，再经分光系统分光后，由检测器接收。产生的电信号经放大器放大，由显示系统显示吸光度或光谱图。回答下列问题：

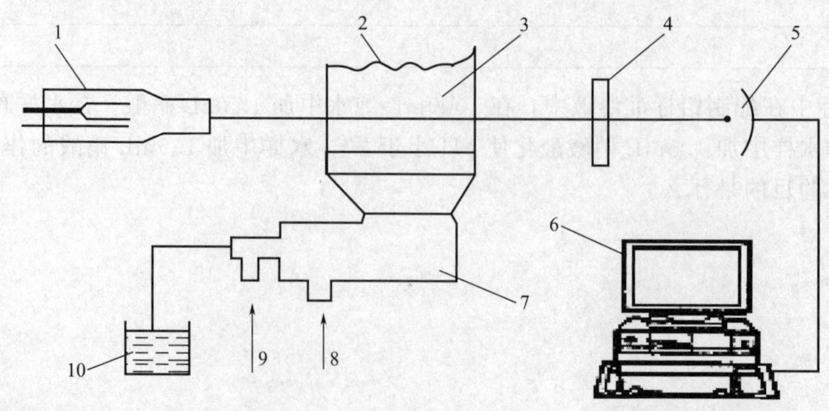

图 1-2　原子吸收分析示意图

________（10）经进样管→________（9）→________（8）→在________（7）中原子化→________（2）→________（3）吸收来自→________（1）的特征辐射→________（4）→________（5）→________（6）。

3. 在你的实验室有哪些品牌的原子吸收仪器，说明同一厂家不同系列的区别（表1-21）。

表1-21 各品牌仪器的优缺点

仪器厂家	仪器	优点	缺点

练习：将图1-3～图1-6所示操作与相应描述连线：

将HCL灯装入灯室，记住等位编号

图1-3 操作（一）

拧紧灯座固定螺丝

图1-4 操作（二）

盖好灯室门

图1-5 操作（三）

将HCL灯脚的凸出部分对准灯座的凹槽插入

图1-6 操作（四）

小组操作记录：

选择的 HCL 是____________，编号是____________，使用时间____________。

4. 请仔细阅读“作业指导书”，写出图 1-7～图 1-9 的操作要点：调节燃烧器，对准光路如何操作？

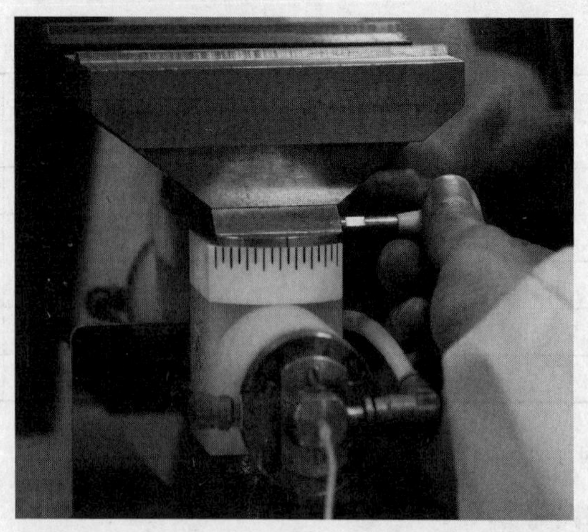

图 1-7　操作（五）

图 1-8　操作（六）

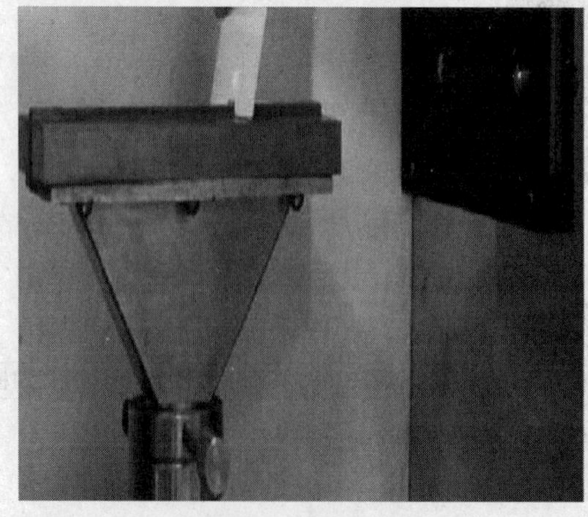

图 1-9　操作（七）

小组操作记录（表 1-22）：

表 1-22 操作记录

序号	操作	现象	备注
1			
2			
3			

5. 请按照作业指导书完成下列设备的使用。

请认真阅读《作业指导书》及《气瓶使用规范》，完成下列各题。

图 1-10 所示为________。其中，A 的作用是________，B 的作用是________，C 的作用是________。

图 1-10 设备图

图 1-11 所示为________，首先时针打开，此时压力表显示钢瓶内________。用手按时针方向转动，调节乙炔输出压力。

图 1-11　调节压力

小组操作记录（表 1-23）：

表 1-23　操作记录

序号	操作	现象	备注
1			
2			
3			
4			
5			

6. 请阅读原子吸收操作规程，完成开机操作，并记录开机的现象及注意事项（表 1-24）。

表 1-24　开机操作及注意事项

步骤序号	内容	观察到的现象及注意事项
1		
2		
3		
4		

7. 请阅读原子吸收操作规程，完成关机操作，并记录开机的现象及注意事项。

(1) 请写出正确的关机操作步骤，并在图 1-12～图 1-16 标出。

图 1-12

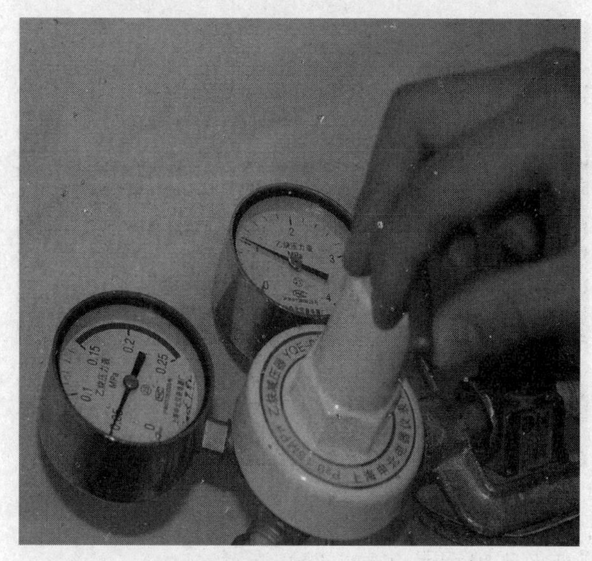

图 1-13

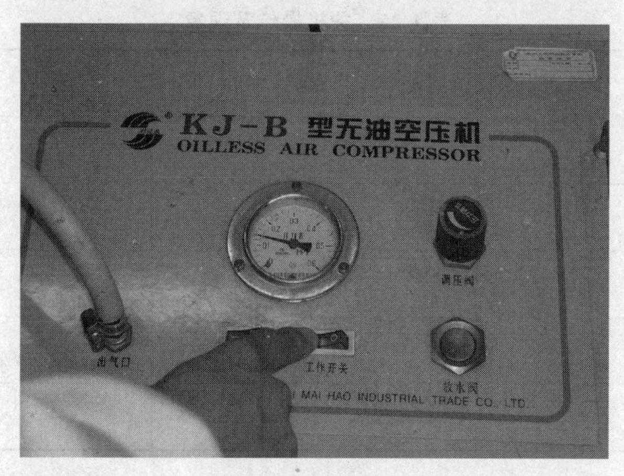

图 1-14

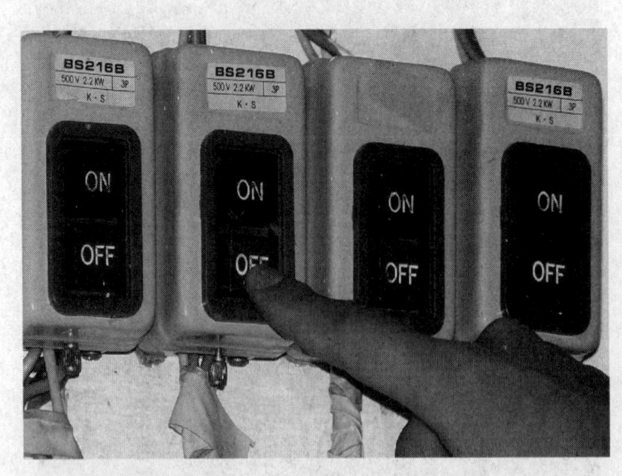

图 1-15

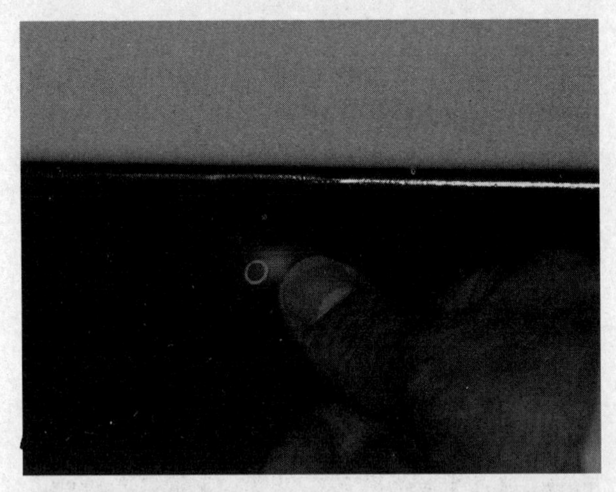

图 1-16

(2) 小组的关机操作及现象记录（表 1-25）。

表 1-25　关机操作及现象

序号	操作	现象	备注
1			
2			
3			
4			
5			

8. 按照操作规程，记录仪器状态，并判断仪器状态是否稳定（表 1-26）。

表 1-26 仪器状态

仪器编号		组别	
参数	数值	是否正常	非正常处理方法

9. 完成仪器准备确认单（表 1-27）。

表 1-27 仪器准备确认单

序号	仪器名称	状态确认	
		可行	否，解决办法
1			
2			
3			
4			
5			
6			
7			
8			
9			
10			

四、验证检测方法（表1-28~表1-30）

表1-28　检测方法验证评估表

记录格式编号：AS/QRPD002—40

方法名称			
方法验证时间		方法验证地点	
方法验证过程：			
方法验证结果： 验证负责人：　　　　日期：			

方法验证人员	分工	签字

表 1-29　检测方法试验验证报告

记录格式编号：AS/QRPD002—41

方法名称					
方法验证时间			方法验证地点		
方法验证依据					
方法验证结果					

验证人：　　　　　　　　　　校核人：　　　　　　　　　　日期：

表 1-30　新检测项目试验验证确认报告

记录格式编号：AS/QRPD002—52

方法名称			
检测参数			
检测依据			
方法验证时间		方法验证地点	
验证人		验证人意见	
技术负责人意见 签字：　　　　日期：			
中心主任意见 签字：　　　　日期：			

1. 方法验证主要验证哪些参数呢？请记录工作过程（表 1-31）。

表 1-31　工作过程

序号	参数	工作过程
1		
2		
3		
4		
5		
6		

2. 方法验证的结果是什么呢？它有哪些参数符合你的小组的测定，如果有不符合的参数，请你的小组经过讨论说出如何优化。

3. 如果你作为实验室的技术负责人，在进行新方法的验证与开发时，应该做的工作流程是什么？

五、实施分析检测

1. 请记录检测过程中出现的问题及解决方法（表 1-32）。

表 1-32　出现问题及解决方法

序号	出现的问题	解决方法	原因分析
1			
2			
3			
4			
5			

2. 请做好实验记录（表 1-34），并且在仪器旁的仪器使用记录上进行签字（表 1-33）。

表 1-33　实验记录

小组名称		组员	
仪器型号/编号		所在实验室	
元素灯的选择		灯电流	
助燃比		狭缝宽度	
分析波长		原子化器高度	
仪器使用是否正常			
组长签名/日期			

表 1-34 北京市工业技师学院分析测试中心生活污水中铅含量的分析原始记录

编号：GLAC-JL -R058-1　　　　　　　　　　　　　　　　　　　　序号：

样品类别：　　　　　　　　　　　　　　　　　　检测日期：

样品状态：与任务书是否一致：□一致　□不一致

不一致的样品编号及相关说明：＿＿＿＿＿＿＿＿＿＿。

检测项目：

检测依据：GB/T 5750.6—2006 生活饮用水标准检验方法金属指标

仪器名称：　　　　　　　　　　仪器编号：

检测地点：　　　　　　　　　　室内温度：　　℃　　室内湿度：　　%

标准物质标签：　　　　　　　　见：GLAC-JL-42-　标准物质溶液稀释表（序号：　　　　）

标准工作液名称	编号	浓度/(mg/L)	配制人	配制日期	失效日期

标准物质工作曲线：

工作曲线标准物质浓度/(mg/L)					
吸光度值					
回归方程				r	

标准物质工作曲线：

计算公式：

$$C = M \times D$$

式中 C——样品中待测离子含量，mg/L；

M——由校准曲线上查得样品中待测离子的含量，mg/L；

D——样品稀释倍数。

检测结果：

检出限：检测结果保留三位有效数字

编号：GLAC-JL -R058-1　　　　　　　　　　　　　　　序号：

样品编号	样品名称	M/(mg/L)	D	C/(mg/L)	平均值/(mg/L)	实测值/(mg/L)	测得误差/%	允许误差/%

检测人：　　　　　　　　　　　　　　　　　　　　　　校核人：

第　　页 共　　页

3. 请阅读下列资料说明什么是仪器的检出限？检出限的操作方法是什么（表 1-35）？

检出限是指能以 99.7%（三倍标准偏差）的置信度检测出试样中被测组分的最低含量或最小浓度，是仪器或分析方法的一项综合指标，也是检出能力的表征。

将仪器各参数调至正常工作状态，用空白溶液调零，根据仪器灵敏度条件，选择系列：0.0μg/mL，0.5μg/mL，1.0μg/mL，3.0μg/mL 铅标准溶液，对每一浓度点分别进行三次吸光度重复测定，取三次测定的平均值后，按线性回归法求出工作曲线的斜率（b），即为仪器测定铅的灵敏度（S）。

在与上述完全相同的条件下，对空白溶液进行 11 次吸光度测量，并求出其标准偏差（S_A）。并按下列公式计算出检出限 C_L。

$$C_L = 3S_A/b$$

式中　b——工作曲线的斜率。

表 1-35　实验记录

空白吸光度测量											
11 次空白标准偏差											
工作曲线斜率											
检出限											

4. 请阅读下列资料说明什么是仪器的定量限？定量限怎么计算？你的小组测定溶液的定量限是多少？

• 小知识

定量限是指分析方法实际可能定量测定某组分的下限。定量限不仅与测定噪声有关，而且也受到“空白”值绝对水平的限制，只有当分析信号比“空白”值大到一定程度时才能可靠地分辨与检测出来。一般以 10 倍空白信号的标准偏差所相应的量值作为定量限，也有用 3 倍检出限作为定量限。

• 小测试

现有一已知浓度的水样，其中铅含量大概为 2mg/L，已知铅的工作曲线浓度为 0mg/L、0.5mg/L、1.0mg/L、2.0mg/L、3.0mg/L、4.0mg/L。

请你使用原子吸收法来测定水样中的铅含量。设计测定水中铅加标样品的操作方案，并计算回收率。

(1) 请问，你用哪种前处理方法处理水样？

（2）你准备选择哪种仪器来测定，并说明理由。

（3）请说明你的操作详细步骤。

（4）以上的操作方法是以样品加标回收率作为检测结果准确度的评估。这种方法可以作为样品检测中的质控方法。请查阅资料，回答分析检测过程中还有哪些质控方法呢？

六、教师考核表（表 1-36）

表 1-36 教师考核表

生活污水中铅含量的分析实施检测方案工作流程评价表							
第一阶段：配制溶液（10 分）				正确	错误	分值	得分
1	配制定容溶液		定容溶液准备			4 分	
2			定容溶液选择				
3			定容溶液移取				
4			定容溶液配制				
5			定容溶液保存				
6	配制标准溶液（备注：需要填写标准溶液配制记录）		标准溶液选择			4 分	
7			标准中间溶液浓度选择				
8			标准中间溶液移取定容				
9			标准中间溶液保存				
10	配制标准工作液		标准工作曲线浓度计算			2 分	
11			标准工作曲线移取定容				
12			标准工作曲线保存				
第二阶段：确认仪器设备状态（30 分）				正确	错误	分值	得分
13	认知仪器	检测仪器	仪器基本信息			3 分	
14			仪器按钮信息				
15			光源位置				
16			原子化器位置				
17			分光系统位置				
18			检测系统位置				
19			水封位置			2 分	
20			空气进仪器管位置				
21			乙炔进仪器管位置				
22			样品进样管位置				
23			废液管位置				
24			废液桶				
25		外部设备	空气压缩机			5 分	
26			空气压缩机按钮				
27			乙炔气瓶				
28			乙炔气瓶压力表				
29			乙炔报警设置位置				

续表

<table>
<tr><td colspan="4">第二阶段：确认仪器设备状态(30 分)</td><td>正确</td><td>错误</td><td>分值</td><td>得分</td></tr>
<tr><td>30</td><td rowspan="29">确认仪器状态</td><td rowspan="2">实训室安全</td><td>检查实训室水电气</td><td></td><td></td><td rowspan="2">2 分</td><td rowspan="29"></td></tr>
<tr><td>31</td><td>检查排风设备</td><td></td><td></td></tr>
<tr><td>32</td><td rowspan="22">开机操作</td><td>打开电源开关</td><td></td><td></td><td rowspan="12">6 分</td></tr>
<tr><td>33</td><td>打开电脑</td><td></td><td></td></tr>
<tr><td>34</td><td>选择空隙阴极灯</td><td></td><td></td></tr>
<tr><td>35</td><td>空隙阴极灯安装</td><td></td><td></td></tr>
<tr><td>36</td><td>空隙阴极灯固定</td><td></td><td></td></tr>
<tr><td>37</td><td>盖好灯室门</td><td></td><td></td></tr>
<tr><td>38</td><td>开启主机电源</td><td></td><td></td></tr>
<tr><td>39</td><td>打开工作软件</td><td></td><td></td></tr>
<tr><td>40</td><td>初始化仪器</td><td></td><td></td></tr>
<tr><td>41</td><td>空心阴极灯选择、预热</td><td></td><td></td></tr>
<tr><td>42</td><td>设置灯电流</td><td></td><td></td></tr>
<tr><td>43</td><td>设置燃气比</td><td></td><td></td></tr>
<tr><td>44</td><td>扫描寻峰</td><td></td><td></td><td rowspan="10">8 分</td></tr>
<tr><td>45</td><td>调节灯位置</td><td></td><td></td></tr>
<tr><td>46</td><td>调节能量平衡</td><td></td><td></td></tr>
<tr><td>47</td><td>设置实验条件</td><td></td><td></td></tr>
<tr><td>48</td><td>检查水封</td><td></td><td></td></tr>
<tr><td>49</td><td>开启空气压缩机</td><td></td><td></td></tr>
<tr><td>50</td><td>调节出口压力 0.25～0.3MPa</td><td></td><td></td></tr>
<tr><td>51</td><td>开启乙炔钢瓶</td><td></td><td></td></tr>
<tr><td>52</td><td>调节出口压力 0.05～0.07MPa</td><td></td><td></td></tr>
<tr><td>53</td><td>点火</td><td></td><td></td></tr>
<tr><td>54</td><td rowspan="5">关机操作</td><td>关闭乙炔钢瓶</td><td></td><td></td><td rowspan="5">4 分</td></tr>
<tr><td>55</td><td>关闭空气压缩机</td><td></td><td></td></tr>
<tr><td>56</td><td>退出工作软件</td><td></td><td></td></tr>
<tr><td>57</td><td>关闭主机电源</td><td></td><td></td></tr>
<tr><td>58</td><td>关闭电脑</td><td></td><td></td></tr>
<tr><td colspan="4">第三阶段：检测方法验证(10 分)</td><td>正确</td><td>错误</td><td>分值</td><td>得分</td></tr>
<tr><td>59</td><td colspan="3">填写检测方法验证评估表</td><td></td><td></td><td rowspan="2">5 分</td><td rowspan="2"></td></tr>
<tr><td>60</td><td colspan="3">填写检测方法试验验证报告</td><td></td><td></td></tr>
<tr><td>61</td><td colspan="3">填写新检测项目试验验证确认报告</td><td></td><td></td><td>5 分</td><td></td></tr>
<tr><td colspan="8">备注：需要填写检测方法验证原始记录</td></tr>
</table>

续表

第四阶段:实施分析检测(20分)		正确	错误	分值	得分
62	样品预处理方法选择			5分	
63	样品预处理操作				
64	设置标准曲线浓度				
65	设置样品信息			10分	
66	仪器稳定20min后分析				
67	仪器校零				
68	进样管清洗				
69	标准工作曲线测定				
70	建立标准曲线				
71	标准曲线方程的判断				
72	样品空白与样品的测定				
73	样品检测结果记录			5分	
74	质控样品检测结果记录				
75	样品检测结果自平行				
76	质控样品检测结果自平行				
备注:需要填写检测结果原始记录					
第五阶段:原始记录评价(10分)		正确	错误	分值	得分
77	填写标准溶液原始记录			10分	
78	填写仪器操作原始记录				
79	填写检测方法验证原始记录				
80	填写检测结果原始记录				
生活污水中铅含量的分析测项目分值小计				80分	

综合评价项目		详细说明	分值	得分
1	基本操作规范性	动作规范准确得5分	5分	
		动作比较规范,有个别失误得2分		
		动作较生硬,有较多失误得1分		
2	熟练程度	操作非常熟练得3分	3分	
		操作较熟练得2分		
		操作生疏得1分		
3	分析检测用时	按要求时间内完成得3分	3分	
		未按要求时间内完成得2分		
4	实验室5S	试验台符合5S得2分	2分	
		试验台不符合5S得1分		
5	礼貌	对待考官礼貌得2分	2分	
		欠缺礼貌得1分		
6	工作过程安全性	非常注意安全得5分	5分	
		有事故隐患得1分		
		发生事故得0分		
综合评价项目分值小计			20分	
总成绩分值合计			100分	

七、评价（表1-37）

表1-37 评价

评分项目			配分	评分细则	自评得分	小组评价	教师评价
素养（20分）	纪律情况（5分）	不迟到，不早退	2分	违反一次不得分			
		积极思考，回答问题	2分	根据上课统计情况得1～2分			
		三有一无（有本、笔、书，无手机）	1分	违反规定每项扣1分			
		执行教师命令	0分	此为否定项，违规酌情扣10～100分，违反校规按校规处理			
	职业道德（5分）	与他人合作	2分	不符合要求不得分			
		追求完美	3分	对工作精益求精且效果明显得3分；对工作认真得2分；其余不得分			
	5S（5分）	场地、设备整洁干净	3分	合格得3分；不合格不得分			
		服装整洁，不佩戴饰物	2分	合格得2分；违反一项扣1分			
	职业能力（5分）	策划能力	3分	按方案策划逻辑性得1～3分			
		资料使用	2分	正确查阅作业指导书和标准得2分；错误不得分			
		创新能力*（加分项）	5分	项目分类、顺序有创新，视情况得1～5分			
核心技术（60分）	教师考核分×0.6=________						
工作页完成情况（20分）	按时完成工作页（20分）	按时提交	5分	按时提交得5分，迟交不得分			
		完成程度	5分	按情况分别得1～5分			
		回答准确率	5分	视情况分别得1～5分			
		书面整洁	5分	视情况分别得1～5分			
总分							
综合得分（自评20%，小组评价30%，教师评价50%）							
教师评价签字：			组长签字：				
请你根据以上打分情况，对本活动当中的工作和学习状态进行总体评述（从素养的自我提升方面、职业能力的提升方面进行评述，分析自己的不足之处，描述对不足之处的改进措施）。							
教师指导意见							

学习活动四　验收交付

建议学时：4学时

学习要求：能够对检测原始数据进行数据处理并规范完整地填写报告书，并对超差数据原因进行分析，具体要求见表1-38。

表1-38　具体工作步骤及要求

序号	工作步骤	要　求	学时	备注
1	编制数据评判表	计算精密度、准确度、相关系数、互平行数据并填写评判表	2.0学时	
2	编写成本核算表	能计算耗材和其他检测成本	1.0学时	
3	填写检测报告书	依据规范出具检测报告校对、签发	0.75学时	
4	评价	按评价表对学生各项表现进行评价	0.25学时	

一、编制数据评判表

1. 对原始记录数据进行计算，并将计算结果填写在原始记录报告单上。

2. 请写出生活污水中铅含量计算公式、检出限计算公式和质量控制方法，并计算铅的相关数据。

3. 数据评判表（表 1-39）。

表 1-39　数据评判表

(1)相关规定

① 精密度≤10%,满足精密度要求

精密度>10%,不满足精密度要求

② 相关系数≥0.995,满足要求

相关系数<0.995,不满足要求

检出限查阅相关标准和仪器说明书

③ 互平行≤15%,满足精密度要求

互平行>15%,不满足精密度要求

④ 质控范围:90%～120%

(2)实际水平及判断:符合准确性要求:是□否□

① 精密度判断

内容	铅
相对极差	
判定结果 是或否	

② 检出限判断

内容	铅
检出限测定值	
判定结果 是或否	

工作曲线相关系数判断

内容	铅
相关系数	
工作曲线方程	
判定结果 是或否	

续表

③ 互平行判断

内容	铅
互平行测定值	
判定结果 填是或否	

④ 质控结果测定结果可靠性对比判断表

内容	铅
质控样测定值	
质控样真实值	
回收率/%	
判定结果	

(3)若不能满足规定要求时,请小组讨论,说明是什么原因造成的?

二、编写成本核算表

1. 请小组讨论，回顾整个任务的工作过程，罗列出我们所使用的试剂、耗材，并参考库房管理员提供的价格清单，对此次任务的成本进行估算（表 1-40）。

表 1-40　试剂、耗材成本估算

序号	试剂名称	规格	单价/元	使用量	成本/元
1					
2					
3					
4					
5					
6					
7					
8					

续表

序号	试剂名称	规格	单价/元	使用量	成本/元
9					
10					
11					
12					
13					
合计					

2. 工作中，除了试剂、耗材成本以外，要完成一个任务，还有哪些成本呢？比如人工成本、固定资产折旧等，请小组讨论，罗列出至少 3 条（表 1-41）。

表 1-41 其他成本估算

序号	项目	单价/元	使用量	成本/元
1				
2				
3				
4				
5				
6				
7				
8				
9				

3. 如何有效地在保证质量的基础上控制成本呢？请小组讨论，罗列出至少 3 条。

（1）______________________________

____

（2）______________________________

____

（3）______________________________

____

三、填写检测报告书

如果检测数据评判合格，按照报告单的填写程序和填写规定认真规范填写检测报告书（表 1-42）；如果评判数据不合格，需要重新检测数据，合格后填写检测报告。

表 1-42　北京市工业技师学院

分析测试中心

检　测　报　告　书

检品名称________________________________

被检单位________________________________

报告日期　　年　　月　　日

检测报告书首页

北京市工业技师学院分析测试中心

字（20　年）第　　号

检品名称＿＿＿＿＿＿＿＿＿＿ 检测类别　委托(送样)

被检单位＿＿＿＿＿＿＿＿ 检品编号＿＿＿＿＿＿＿＿

生产厂家＿＿＿＿＿＿＿＿ 检测目的＿＿＿＿＿＿ 生产日期＿＿＿＿

检品数量＿＿＿＿＿＿＿＿ 包装情况＿＿＿＿＿＿ 采样日期＿＿＿＿

采样地点＿＿＿＿＿＿＿＿ 检品性状＿＿＿＿＿＿ 送检日期＿＿＿＿

检测项目＿＿＿＿＿＿＿＿＿＿＿＿＿＿＿＿

检测及评价依据：

本栏目以下无内容

结论及评价：

本栏目以下无内容

检测环境条件：　　温度：　　相对湿度：　　气压：

主要检测仪器设备：

名称　　编号　　型号

名称　　编号　　型号

报告编制：　　校对：　　签发：　　盖章

年　月　日

报告书包括封面、首页、正文(附页)、封底，并盖有计量认证章、检测章和骑缝章。

检测报告书

项目名称	限值	测定值	判定

报告书包括封面、首页、正文（附页）、封底，并盖有计量认证章、检测章和骑缝章。

四、评价（表1-43）

表1-43 评价

项次	项目要求		配分	评分细则	自评得分	小组评价	教师评价
素养（20分）	纪律情况（5分）	按时到岗，不早退	2分	违反规定，每次扣1分			
		积极思考，回答问题	2分	根据上课统计情况得1～2分			
		三有一无（有本、笔、书，无手机）	1分	违反规定不得分			
		执行教师命令	0分	此为否定项，违规酌情扣10～100分，违反校规按校规处理			
	职业道德（10分）	能与他人合作	3分	不符合要求不得分			
		数据填写	3分	能客观真实得3分；篡改数据0分			
		追求完美	4分	对工作精精益求精且效果明显得4分；对工作认真得3分；其余不得分			
	成本意识（5分）		5分	有成本意识，使用试剂耗材节约，能计算成本量5分；达标得3分；其余不得分			
核心技术（60分）	数据处理（5分）	能独立进行数据的计算和取舍	5分	独立进行数据处理，得5分；在同学老师的帮助下完成，可得2分；其他不得分			
	数据评判（40分）	能正确评判工作曲线和相关系数检出限	10分	能正确评判合格与否得10分；评判错误不得分			
		能够评判精密度是否合格	10分	自平行≤5%得10分；5%～10%之间得0～10分；自平行＞10%不得分			
		能够达到互平行标准	10分	互平行≤10%得10分；10%～15%之间得0～10分；自平行＞15%不得分			
		能够达到质控标准	10分	能够达到质控值得10分			
	报告填写（15分）	填写完整规范	5分	完整规范得5分，涂改填错一处扣2分			
		能够正确得出样品结论	5分	结论正确得5分			
		校对签发	5分	校对签发无误得5分			
工作页完成情况（20分）	按时完成工作页（20分）	及时提交	5分	按时提交得5分，迟交不得分			
		内容完成程度	5分	按完成情况分别得1～5分			
		回答准确率	5分	视准确率情况分别得1～5分			
		有独到的见解	5分	视见解程度分别得1～5分			
总分							
加权平均（自评20%，小组评价30%，教师评价50%）							
教师评价签字：			组长签字：				

续表

请你根据以上打分情况，对本活动当中的工作和学习状态进行总体评述（从素养的自我提升方面、职业能力的提升方面进行评述，分析自己的不足之处，描述对不足之处的改进措施）。
教师指导意见

学习活动五　总结拓展

建议学时：6学时

学习要求：通过本活动，总结本项目的作业规范和核心技术，并通过同类项目练习进行强化（表1-44）。

表1-44　具体工作步骤及要求

序号	工作步骤	要　　求	学时	备注
1	撰写项目总结	能在60min内完成总结报告撰写，要求提炼问题有价值，能分析检测过程中遇到的问题	2.0学时	
2	编制检测方案	在60min内按照要求完成原子吸收法测定饮用水中的铅含量的测定方案的编写	3.5学时	
3	评价		0.5学时	

一、撰写项目总结(表1-45)

要求:

(1)语言精练,无错别字。

(2)编写内容主要包括学习内容、体会、学习中的优缺点及改进措施。

(3)要求字数500字左右,在60min内完成。

表1-45 项目总结

项目总结

一、任务说明

二、工作过程

序号	主要操作步骤	主要要点
1		
2		
3		
4		
5		
6		
7		

三、遇到的问题及解决措施

四、个人体会

二、编制检测方案（表1-46）

请查阅5750.6—2006《生活饮用水标准检验方法金属指标》和附录的作业指导书（表1-47），编写饮用水铅的测定方案。

表1-46 检测方案

方案名称：

一、任务目标及依据

（填写说明：概括说明本次任务要达到的目标及相关标准和技术资料）

二、工作内容安排

（填写说明：列出工作流程、工作要求、仪器设备及试剂、人员和时间安排等）

工作流程	工作要求	仪器设备及试剂	人员	时间安排

续表

三、验收标准
（填写说明：本项目最终的验收相关项目的标准）

四、有关安全注意事项及防护措施等
（填写说明：对检测的安全注意事项及防护措施，废弃物处理等进行具体说明）

表 1-47　作业指导书

北京市工业技师学院分析检测中心作业指导书	文件编号：BJTC-BFSOP022-V1.0
主题：饮用水中铅含量的测定	第 1 页共 2 页

一、检测项目

原子吸收法测定饮用水中的铅含量

二、检测目的

1. 了解原子吸收分光光度计的构造及使用方法。

2. 通过水样中铅的测定，掌握标准曲线法在实际样品分析中的应用。

三、检测原理

将试液喷入空气-乙炔火焰中，在火焰中生成的铅基态原子蒸气对铅空心阴极灯发射的特征谱线产生选择性吸收。在选择的最佳测定条件下，在标准曲线法上测定试液中铅的含量。

四、仪器与试剂

1. 仪器

原子吸收分光光度计；铅空心阴极灯；乙炔钢瓶；空气压缩机。

2. 试剂

(1+9)硝酸溶液、铅标准溶液 100.0μg/mL。

五、实验内容与步骤

1. 试液的制备

按照国标方法对待测水样进行预处理。

2. 标准曲线的绘制

准确吸取 0mL、1.00mL、3.00mL、5.00mL、10.00mL 铅标准溶液分别放入 50mL 容量瓶中，用(1+499)硝酸溶液定容，混匀。测定各试液的吸光度，绘制标准曲线图。

六、数据记录及结果分析

1. 数据记录表

工作曲线	1	2	3	4	5	试样
吸取标液体积/mL	0	1	3	5	10	
标准系列质量/μg	0	100	300	500	1000	
A	0		0.0239	0.0606	0.1447	0.1971

2. 根据以上数据得出

原子吸收法测铅标准工作曲线

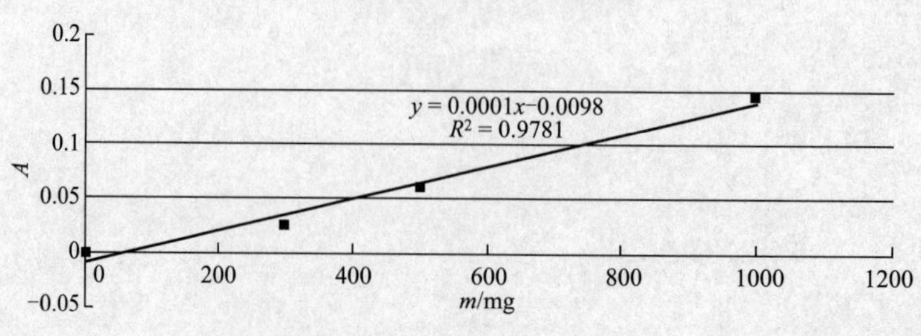

续表

3. 定量分析

分别对标准工作曲线溶液与样液进样测定，并根据样液中被测物的含量情况。在相同实验条件下进行样品测定时，而且加标回收率也比较稳定，则可认为样品中含有待测元素。根据待测元素的吸光度值采用外标一校准曲线法进行定量的。

七、空白试验

除不称取试样外，其余均按上述步骤进行。

八、结果计算

试样中铅的含量按下式计算：

$$X_i=(C_i-C_0)\times V_i/V$$

式中 X_i——试样中铅含量，μg/ g；

C_i——从标准曲线上得到的被测组分溶液浓度，μg/mL；

V_i——样品溶液定容体积，mL；

V——取样体积，mL；

C_0——样品空白值，μg/mL。

九、检测质量控制

参照5750.6—2006《生活饮用水标准检验方法金属指标》，添加浓度在标准曲线的线性范围内，且回收率范围在70%～120%内，相对标准偏差应小于20%，线性相关系数在0.995以上。

编写		审核		批准	

- **小测试**

(1) 任务过程中，如何确定仪器状态的稳定性？

(2) 任务过程中，如果空心阴极灯长时间没有使用，应该怎么办呢？请查找相关资料，描述空心阴极灯的工作原理是什么？

(3) 任务完成以后，我们应该与企业进行沟通，应该主要沟通哪些问题？

(4) 在测定重金属含量时，以下的注意事项你都做到了哪些？

① 使标准曲线上的点都在线性范围内，标准曲线法的最佳分析范围的吸光度在0.1～0.6之间，最大点最好不大于0.8ABS。

② 标准溶液与试样溶液要用相同试剂处理，保持基体一致，若试样溶液基体较复杂，无法使标准溶液与试样溶液基体保持相近，则应采用标准加入法进行测定。

③ 测定时要扣除背景和试剂空白。

④ 每次分析都要重新绘制标准曲线。

⑤ 校正曲线的实验点数目和各点重复测定次数要适当多。

⑥ 被测组分浓度要位于校正曲线中间部分。

三、评价（表 1-48、表 1-49）

表 1-48 评价

评分项目			配分	评分细则	自评得分	小组评价	教师评价
素养（20 分）	纪律情况（5 分）	不迟到，不早退	2 分	违反一次不得分			
		积极思考，回答问题	2 分	根据上课统计情况得 1～2 分			
		有书本笔，无手机	1 分	违反规定不得分			
		执行教师命令	0 分	此为否定项，违规酌情扣 10～100 分，违反校规按校规处理			
	职业道德（5 分）	与他人合作	3 分	视情况得 1～3 分			
		认真钻研	2 分	按认真程度得 1～2 分			
	5S（5 分）	场地、设备整洁干净	3 分	合格得 3 分；不合格不得分			
		服装整洁，不佩戴饰物	2 分	合格得 3 分；违反一项扣 1 分			
	职业能力（5 分）	总结能力	3 分	根据总结清晰流畅，问题清晰措施到位情况得 1～5 分			
		沟通能力	2 分	总结汇报良好沟通得 1～5 分			
核心技术（60 分）	技术总结（20 分）	语言表达	3 分	视流畅通顺情况得 1～3 分			
		关键步骤提炼	5 分	视准确具体情况得 5 分			
		问题分析	5 分	能正确分析出现问题得 1～5 分			
		时间要求	2 分	在 60min 内完成总结得 2 分；超过 5min 扣 1 分			
		体会收获	5 分	有学习体会收获得 1～5 分			
	生活饮用水中溴酸盐测定方案（40 分）	资料使用	5 分	正确查阅国家标准得 5 分；错误不得分			
		目标依据	5 分	正确完整得 5 分；基本完整扣 2 分			
		工作流程	5 分	工作流程正确得 5 分；错一项扣 1 分			
		工作要求	5 分	要求明确清晰得 5 分；错一项扣 1 分			
		人员	5 分	人员分工明确，任务清晰得 5 分；不明确一项扣 1 分			
		验收标准	5 分	标准查阅正确完整得 5 分；错项漏项一项扣 1 分			
		仪器试剂	5 分	完整正确得 5 分；错项漏项一项扣 1 分			
		安全注意事项及防护	5 分	措施全面有效得 5 分；错项漏项一项扣 1 分			
工作页完成情况（20 分）	按时完成工作页（20 分）	按时提交	5 分	按时提交得 5 分，迟交不得分			
		完成程度	5 分	按情况分别得 1～5 分			
		回答准确率	5 分	视情况分别得 1～5 分			
		书面整洁	5 分	视情况分别得 1～5 分			
总分							
综合得分（自评 20%，小组评价 30%，教师评价 50%）							
教师评价签字：				组长签字：			

续表

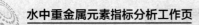

请你根据以上打分情况，对本活动当中的工作和学习状态进行总体评述（从素养的自我提升方面、职业能力的提升方面进行评述，分析自己的不足之处，描述对不足之处的改进措施）。
教师指导意见

表 1-49 项目总体评价

项次	项目内容	权重	综合得分(各活动加权平均分×权重)	备注
1	接收任务	10%		
2	制定方案	20%		
3	实施检测	45%		
4	验收交付	10%		
5	总结拓展	15%		
6	合计			
7	本项目合格与否			教师签字：

请你根据以上打分情况，对本项目当中的工作和学习状态进行总体评述(从素养的自我提升方面、职业能力的提升方面进行评述，分析自己的不足之处，描述对不足之处的改进措施)。

教师指导意见

学习任务二

工业废水中铜含量的分析

任务书

一、任务情景描述

受某造纸厂委托，对该企业的生产废水按照 GB 3838—2002《地表水环境质量标准》进行样品的采集，并按《生活饮用水标准检验方法》(GB/T 5750.6—2006) 要求对其中铜含量进行常规项目加急仲裁性分析检测，以尽快判断水质情况，从而采取相应措施降低能耗，提高生产效率。我院分析检测中心接到该任务，选择重金属铜指标并由高级工来完成。请你按照水质标准要求，制定检测方案，完成分析检测，出具检测报告并进行合理化的建议，要求在 5 个工作日，完成 5 个采样点的水质分析，要求结果铜的批内相对标准偏差＜10%。

工作过程符合 5S 规范，检测过程符合 GB/T 5750.6—2006《生活饮用水标准检验方法金属指标》标准要求。

二、学习活动及课时分配表(表2-1)

表 2-1 学习活动及课时分配表

活动序号	学习活动	学时安排	备注
1	接受任务	4 学时	
2	制定方案	10 学时	
3	实施检测	36 学时	
4	验收交付	4 学时	
5	总结拓展	6 学时	

学习活动一　接受任务

本活动将进行4学时，通过该活动，我们要明确“分析测试业务委托书”(表 2-3) 中任务的工作要求，完成重金属铜含量的测定任务。 具体工作步骤及要求见表 2-2。

表 2-2　具体工作步骤及要求

序号	工作步骤	要　　求	学时	备注
1	识读任务书	能快速准确明确任务要求并清晰表达，在教师要求的时间内完成，能够读懂委托书各项内容，检测指标的特征与检测方法内涵	1.0学时	
2	确定检测方法和仪器设备	能够选择任务需要完成的方法，并进行时间和工作场所安排，掌握相关理论知识	1.0学时	
3	编制任务分析报告	能够清晰地描写任务认知与理解等，思路清晰，语言描述流畅	1.5学时	
4	评价		0.5学时	

表 2-3　北京市工业技师学院分析测试中心

分析测试业务委托书

批号：　　　　　　　　　　　　　　　　　　　　　记录格式编号：AS/QRPD002-10

顾客产品名称	工业废水	数量	10
顾客产品描述			
顾客指定的用途			
顾客委托分析测试事项情况记录			
测试项目或参数	铜、汞等重金属的检测		
检测类别	□咨询性检测　　√仲裁性检测　　□诉讼性检测		
期望完成时间	□普通 年 月 日　　√加急 年 月 日　　□特急 年 月 日		
顾客对其产品及报告的处置意见			
产品使用完后的处置方式	□顾客随分析测试报告回收； □按废物立即处理； □按副样保存期限保存　√3 个月　□6 个月　□12 个月　□24 个月		
检测报告载体形式	□纸质　□软盘　√电邮	检测报告送达方式	□自取　普通邮寄 □传真　√电邮
顾客名称（甲方）	北京城市排水集团高碑店污水处理厂	单位名称（乙方）	北京市工业技师学院分析测试中心
地址	北京市朝阳区高碑店甲一号	地址	北京市朝阳区化工路 51 号
邮政编码	100022	邮政编码	100023
电话	010-67745522	电话	010-67383433
传真	010-67745523	传真	010-67383433
E-mail	Zhaijj2011@163. com	E-mail	chunfangli@msn. com
甲方委托人（签名）		甲方受理人（签名）	
委托日期	年　月　日	受理日期	年　月　日

注：1. 本委托书与院 ISO 9001　顾客财产登记表（AS/QRPD754—01 表）等效。

2. 本委托书一式三份，甲方执一份，乙方执两份。甲方“委托人”和乙方“受理人”签字后协议生效。

一、识读任务书

1. 请同学们用红色笔划出委托单当中的关键词，并把关键词抄在下面。

2. 请你从关键词中选择词语组成一句话，说明该任务的要求。（要求：其中包含时间、地点、人物以及事件的具体要求）

3. 任务要求我们检测工业废水中铜含量，请你回忆一下，之前检测过水质的哪些指标呢？采用的是什么方法？（表 2-4）

表 2-4 指标及采用方法

序号	指标	采用方法
1		
2		
3		
4		

4. 之前学习过的水质测定项目中，你认为难度最大的项目是什么？最需要加强练习的环节又是什么？（以水中铅的测定为例，写出不少于三条）

（1）______

（2）______

（3）______

5. 通过查阅相关标准，工业废水中铜测定的主要工作流程是什么？请你总结每一步骤的主要要点及注意事项。

（1）______

（2）______

（3）______

（4）______

（5）______

6. 铜的认识

（1）有怀孕四个月的孕妇做微量元素检测，其他结果都在参考值范围之内，只有血清铜一项超标，具体如下：血清铜 31.9，参考值 12.5～24。请问：这样的结果对母、婴是否有影响，有什么危害？该怎么办？请你运用网络资源查找资料，进行简单的判断。

（2）每到冬季，许多人喜欢吃铜火锅，到底吃铜火锅有没有害处呢？专家给出的观点是铜火锅因为是铜质的，容易生绿锈，和醋、二氧化碳发生化学反应生成的碱式碳酸铜或者醋

酸铜是有毒的，所以吃铜火锅的时候要特别注意！下列哪个图片可以作为吃火锅的最安全容器？（　　）

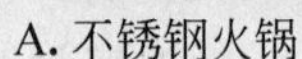

A. 不锈钢火锅　　B. 铜火锅　　C. 砂锅

（3）铜的潜在毒性较低，但它是人体健康不可缺少的元素。世界卫生组织的专家组已作出结论，缺铜的危害远比铜的毒性大得多，所以要充分保证膳食中有足够的铜，以满足身体的需要。因为铜器能溶出二价铜离子，故多用铜火锅等铜制炊具能补充铜元素的不足，生活中多用铜器炊具是安全而有效的。请你查阅相关资料，说明不同人群缺铜的危害表现在哪些方面呢？

7. 缺铜有碍人体健康，长时间边缘性缺铜的影响是潜移默化的。它会引起身体不良贫血、白癜风、冠心病、少白头、早白头等。此外，在中国以及印度、坦桑尼亚、南非等地发现了膝盖弯曲的“膝外翻症”，这是缺铜的一种典型症状。分析表明，畸形骨骼中的铜含量显著低于正常值。目前人们在膳食中的铜元素每日摄入量只有 0.8mg，而成年人每日的需要量为 2mg，多数人都严重不足。请你根据资料总结一下，如何补充人体的铜元素？（试写出三种方法）

（1）________________________________

（2）________________________________

（3）________________________________

8. 下列能引起急性铜中毒的做法有（　　）。

A. 治疗上应用硫酸铜过量。

B. 用含铜绿的铜器皿存放和储存食物。

C. 有意无意吞服可溶性铜盐等。

D. 饮料或含醋食品、盐渍食品在铜器皿中烹调。

9. 铜的化合物以一价或二价状态存在。在天然水中，溶解的铜量随 pH 值的升高而降低。pH 值为 6～8 时，溶解度为 50～500μg/L。pH 值小于 7 时，以碱式碳酸铜［$Cu_2(OH)_2CO_3$］的溶解度为最大。碱式碳酸铜是一种名贵的矿物宝石，它是铜与空气中的氧气、二氧化碳和水等物质反应产生的物质，又称铜锈。它颜色翠绿，是铜表面上所生成的绿锈，俗称铜绿的主要成分。试写出该反应的化学方程式。

10. 我国环境标准规定，工业废水中铜及其化合物最高容许排放浓度为 1mg/L（按铜计）；地面水最高容许浓度为 0.1mg/L；渔业用水为 0.01mg/L；生活饮用水的铜浓度不得超过 1.0mg/L。前苏联规定，近岸海水铜的最高容许浓度为 0.1mg/L。美国规定，灌溉水含铜容许浓度为 0.2mg/L；车间空气中含铜容许浓度为 0.2mg/m^3（8h 平均值）。请你查阅文献，完成表 2-5。

表 2-5 铜限量要求

检测项目	水源类型	限量要求
铜	工业废水	
	地面水	
	渔业用水	
	生活饮用水	
	海水	
	灌溉水	
	车间空气	

二、确定检测方法和仪器设备

1. 任务书要求______天内完成该项任务，那么我们选择什么样的检测方法来完成呢？回忆一下之前所完成的工作，方法的选择一般有哪些注意事项？小组讨论完成，列出不少于 3 点，并解释。

（1）______

（2）______

（3）______

2. 请查阅相关国标，并以表格形式罗列出检测项目都有哪些检测方法、特征（表 2-6）。

表 2-6　检测方法及特征

检测项目	国标	检测方法	特征(主要仪器设备)
铜			

3. 阅读下列资料。

火焰原子吸收分光光度法中直接火焰原子吸收法和络合萃取后火焰原子吸收法测铜的最低检测浓度分别为 0.20mg/L 和 0.0075mg/L。若水样中盐浓度高时产生正干扰，可用标准加入法加以校正。采用吡咯烷二硫代氨基甲酸铵（APDC）螯合，再以甲基异丁基甲酮（MIBK）萃取低含量待测元素时，能消除大量共存离子的干扰。例如，浓度为 70000mg/L 的 Br^-，I^-，NO_3^-，PO_4^{3-}，SO_4^{2-}，CO_3^{2-}；20% 的氯化钠、氯化钾；5000mg/L 的钙、镁、硅、铝对铜、锌、镉，铅、钴、铁及锰的测定都没有影响。但水样中如含有大量能与 APDC 络合的金属，会产生负干扰，此时应增加 APDC 用量，并用 MIBK 重复萃取。

本法基于水样中的基态原子能吸收来自同种金属元素空心阴极灯发出的共振线，且其吸收强度与样品中该元素含量成正比。可在其他条件不变的情况下，根据测得的吸收强度，与标准系列比较进行定量。水样中待测金属离子含量较高时，可将水样直接导入火焰使其原子化后，采用其灵敏共振线进行测定。对于含量较低的水样，则需先经螯合萃取，加以富集。直接测定时，多数金属元素能在空气—乙炔火焰中原子化后直接测定。

结合上述分析，完成下述问题：

（1）以上资料说明了几种铜的检测方法？最低的检测浓度分别为多少？

（2）采用络合萃取后火焰原子吸收法测铜时所使用的有机试剂有哪些？可以消除哪些干扰离子？

（3）根据样品中铜的含量，检测的方法有哪些？

三、编制任务分析报告（表 2-7）

表 2-7 任务分析报告

1. 基本信息

序号	项目	名称	备注
1	委托任务的单位		
2	项目联系人		
3	委托样品		
4	检验参照标准		
5	委托样品信息		
6	检测项目		
7	样品存放条件		
8	样品处置		
9	样品存放时间		
10	出具报告时间		
11	出具报告地点		

2. 任务分析

(1)GB/T 5750.6—2006《生活饮用水标准检验方法金属指标》要求对水中铜含量进行测定分别采用了哪些检测方法？

(2)针对工业废水中铜含量进行测定你准备分别选择哪一种？选择的依据是什么？

序号	检测项目	选择方法	选择依据
1			
2			
3			
4			
5			

(3)选择方法所使用的仪器设备列表

序号	检测项目	检测方法	主要仪器设备
1			
2			
3			
4			
5			
6			
7			
8			

四、评价（表 2-8）

表 2-8 评价

评分项目			配分	评分细则	自评得分	小组评价	教师评价
素养（20分）	纪律情况（5分）	按时到岗，不早退	2分	缺勤全扣，迟到、早退出现一次扣1分			
		积极思考，回答问题	2分	根据上课统计情况得1～2分			
		学习用品准备	1分	自己主动准备好学习用品并齐全得1分			
		执行教师命令	0分	此为否定项，违规酌情扣10～100分，违反校规按校规处理			
	职业道德（6分）	主动与他人合作	2分	主动合作得2分；被动合作得1分			
		主动帮助同学	2分	能主动帮助同学得2分；被动得1分			
		严谨、追求完美	2分	对工作精益求精且效果明显得2分；对工作认真得1分；其余不得分			
	5S（4分）	桌面、地面整洁	2分	自己的工位桌面、地面整洁无杂物，得2分；不合格不得分			
		物品定置管理	2分	按定置要求放置得2分；其余不得分			
	阅读能力（5分）	快速阅读能力	5分	能快速准确明确任务要求并清晰表达得5分；能主动沟通在指导后达标得3分；其余不得分			
核心技术（60分）	识读任务书（20分）	委托书各项内容	5分	能全部掌握得5分；部分掌握得2～3分；不清楚不得分			
		重金属铜测定方法的优点及难点	5分	总结全面到位得5分；部分掌握得3～4分；不清楚不得分			
		重金属铜测定标准查阅及总结	5分	全部阐述清晰5分；部分阐述3～4分；不清楚不得分			
		重金属铜危害及防治	5分	全部阐述清晰5分；部分阐述3～4分；不清楚不得分			
	列出检测方法和仪器设备（15分）	每种检测方法的罗列齐全	5分	方法齐全，无缺项，得5分；每缺一项扣1分，扣完为止			
		列出的相对应的仪器设备齐全	5分	齐全无缺项，得5分；有缺项扣1分；不清楚不得分			
		对仲裁性及加急检测的理解与要求	5分	全部阐述清晰5分；部分阐述3～4分；不清楚不得分			
	任务分析报告（25分）	基本信息准确	5分	能全部掌握得5分；部分掌握得1～4分；不清楚不得分			
		最终选择的检测方法合理有效	5分	全部合理有效得5分，有缺项或者不合理扣1分			
		检测方法选择的依据阐述清晰	5分	清晰能得5分，有缺陷或者无法解释的每项扣1分			
		选择的检测方法与仪器设备匹配	5分	已选择的检测方法的仪器设备清单齐全，得5分；有缺项或不对应的扣1分			
		文字描述及语言	5分	语言清晰流畅得5分；文字描述不清晰，但不影响理解与阅读得3分；字迹潦草无法阅读得0分			

续表

工作页完成情况（20分）	按时、保质保量完成工作页（20分）	按时提交	4分	按时提交得4分，迟交不得分			
		书写整齐度	3分	文字工整、字迹清楚，视情况得1～3分			
		内容完成程度	4分	按完成情况分别得1～4分			
		回答准确率	5分	视准确率情况分别得1～5分			
		有独到的见解	4分	视见解程度分别得1～4分			
合计			100分				
综合得分（自评20%，小组评价30%，教师评价50%）							
组长签字：				教师评价签字：			

请你根据以上打分情况，对本活动当中的工作和学习状态进行总体评述（从素养的自我提升方面、职业能力的提升方面进行评述，分析自己的不足之处，描述对不足之处的改进措施）。

教师指导意见

学习活动二　制定方案

建议学时：10学时

学习要求：通过对工业废水中铜含量的测定方法的分析，编制工作流程表、仪器设备清单，完成检测方案。具体要求见表2-9。

表2-9　具体工作步骤及要求

序号	工作步骤	要求	学时	备注
1	编制工作流程	在45min内完成，流程完整，确保检测工作顺利有效完成	1.0学时	
2	编制仪器设备清单	仪器设备、材料清单完整，满足原子吸收测试验进程和客户需求	2.5学时	
3	编制检测方案	在90min内完成编写，任务描述清晰，检验标准符合客户要求、国标方法要求，工作标准、工作要求、仪器设备等与流程内容一一对应	6.0学时	
4	评价		0.5学时	

一、编制工作流程

1. 我们之前完成了水中铅含量的检测项目，回忆一下分析检测项目的主要工作流程一般可分为5部分完成，分别是配制溶液、确认仪器状态、验证检测方法、实施分析检测和出具检测报告。

请回忆一下，各部分的主要工作任务有哪些呢？各部分的工作要求分别是什么？大约需要花费多少时间呢（表2-10）？

表2-10 任务名称：

序号	工作流程	主要工作内容	评价标准	花费时间/h
1	配制溶液			
2	确认仪器状态			
3	验证检测方法			
4	实施分析检测			
5	出具检测报告			

2. 请你分析本项目选择的检测方法和作业指导书，写出工作流程，并写出完成的具体工作内容和要求（表2-11）。

表2-11 工作流程内容及要求

序号	工作流程	主要工作内容	要求
1			
2			
3			
4			
5			
6			
7			
8			
9			
10			

二、编制仪器设备清单

1. 为了完成检测任务，需要用到哪些试剂呢？请列表完成（表 2-12）。

表 2-12 试剂名称及规格

序号	试剂名称	规格	配制方法
1			
2			
3			
4			
5			
6			
7			
8			
9			
10			

2. 为了完成检测任务，需要用到哪些仪器设备呢？请列表完成（表 2-13）。

表 2-13 仪器规格及作用

序号	仪器名称	规格	作用	是否会操作
1				
2				
3				
4				
5				
6				
7				
8				
9				
10				

3. 如何配制 1000mg/L 铜标准溶液的呢（表 2-14）？

表 2-14 配制标准溶液

采用的药品	试剂纯度等级	配制方法
纯铜		称量______g，定容至______mL
硫酸铜（$CuSO_4 \cdot 5H_2O$）		称量______g，定容至______mL
硫酸铜（$CuSO_4 \cdot 2H_2O$）		称量______g，定容至______mL
铜单元素标准溶液		称量______g，定容至______mL

举例，写出一种药品配制的计算过程。

4. 如果要配制 1000mg/L 铜中间溶液，你的操作步骤是怎样的？

三、编制检测方案（表 2-15）

表 2-15 检测方案

方案名称：

一、任务目标及依据

（填写说明：概括说明本次任务要达到的目标及相关标准和技术资料）

二、工作内容安排

（填写说明：列出工作流程、工作要求、仪器设备及试剂、人员和时间安排等）

工作流程	工作要求	仪器设备及试剂	人员	时间安排

三、验收标准

（填写说明：本项目最终的验收相关项目的标准）

四、有关安全注意事项及防护措施等

（填写说明：对检测的安全注意事项及防护措施，废弃物处理等进行具体说明）

四、评价（表 2-16）

表 2-16　评价

评分项目			配分	评分细则	自评得分	小组评价	教师评价
素养（20分）	纪律情况（5分）	不迟到，不早退	2分	违反一次不得分			
		积极思考回答问题	2分	根据上课统计情况得1～2分			
		三有一无（有本、笔、书，无手机）	1分	违反规定不得分			
		执行教师命令	0分	此为否定项，违规酌情扣10～100分，违反校规按校规处理			
	职业道德（5分）	与他人合作	2分	主动合作得2分；被动合作得1分			
		追求完美	3分	对工作精益求精且效果明显得3分；对工作认真得2分；其余不得分			
	5S（5分）	场地、设备整洁干净	3分	合格得3分；不合格不得分			
		服装整洁，不佩戴饰物	2分	合格得2分；违反一项扣1分			
	职业能力（5分）	策划能力	3分	按方案策划逻辑性得1～5分			
		资料使用	2分	正确查阅作业指导书和标准得2分；错误不得分			
		创新能力*（加分项）	5分	项目分类、顺序有创新，视情况得1～5分			
核心技术（60分）	时间（5分）	时间要求	5分	90min内完成得5分；超时10min扣2分			
	目标依据（5分）	目标清晰	3分	目标明确，可测量得1～3分			
		编写依据	2分	依据资料完整得2分；缺一项扣1分			
	检测流程（15分）	项目完整	7分	完整得7分；错/漏一项扣1分			
		顺序	8分	全部正确得8分；错/漏一项扣1分			
	工作要求（5分）	要求清晰准确	5分	完整正确得5分；错/漏一项扣1分			
	仪器设备试剂（10分）	名称完整	5分	完整、型号正确得5分；错/漏一项扣1分			
		规格正确	5分	数量型号正确得5分；错/漏一项扣1分			
	人员（5分）	组织分配合理	5分	人员安排合理，分工明确得5分；组织不适一项扣1分			
	验收标准（5分）	标准	5分	标准查阅正确、完整得5分；错/漏一项扣1分			
	安全注意事项及防护等（10分）	安全注意事项	5分	视正确、完整程度得1～5分			
		防护措施	5分	按措施针对性，有效性得1～5分			
工作页完成情况（20分）	按时完成工作页（20分）	按时提交	5分	按时提交得5分，迟交不得分			
		完成程度	5分	按情况分别得1～5分			
		回答准确率	5分	视情况分别得1～5分			
		书面整洁	5分	视情况分别得1～5分			
总分							
综合得分（自评20%，小组评价30%，教师评价50%）							
教师评价签字：				组长签字：			
请你根据以上打分情况，对本活动当中的工作和学习状态进行总体评述（从素养的自我提升方面、职业能力的提升方面进行评述，分析自己的不足之处，描述对不足之处的改进措施）。							
教师指导意见：							

学习活动三　实施检测

建议学时：36学时

学习要求：按照检测实施方案中的内容，完成工业废水中铜含量的分析，过程中符合安全、规范、环保等5S要求，具体要求见表2-17。

表2-17　具体工作步骤及要求

序号	工作步骤	要求	学时	备注
1	配制溶液	规定时间内完成溶液配制，准确，原始数据记录规范，操作过程规范	4.0学时	
2	确认仪器状态	能够在阅读仪器的操作规程指导下，正确的操作仪器，并对仪器状态进行准确判断	8.0学时	
3	验证检测方法	能够根据方法验证的参数，对方法进行验证，并判断方法是否合适	8.0学时	
4	实施分析检测	严格按照标准方法和作业指导书要求实施分析检测，最后得到样品数据	15.5学时	
5	评价		0.5学时	

一、安全注意事项

1. 现在我们要学习一个新的检测任务——工业废水中汞含量的分析，使用的仪器主要是原子吸收分光光度计。原子吸收分析中经常接触电器设备、高压钢瓶、使用明火，因此应时刻注意安全，掌握必要的电器常识、急救知识、灭火器的使用等相关知识。请你查阅相关资料回答下列问题：

(1) 你会使用灭火器吗？请回答灭火器的使用步骤。

①____

②____

③____

④____

⑤____

(2) 对下列词语的有关化学原理解释不合理的是（　　）。

A. 火上浇油——隔绝空气

B. 风助火威——为燃烧提供足够多的氧气

C. 釜底抽薪——燃烧需要可燃物

D. 钻木取火——使温度达到可燃物的着火点

2. 在实验室使用乙炔时，人不要远离试验台。如果火焰不正常熄灭而又没有及时关闭阀门，乙炔就会在实验室里扩散，遇到明火就会有发生的危险。如果实验室发生火灾且火焰不大时，你选择的灭火工具是（　　）。

A. 灭火器

B. 灭火毯

C. 灭火桶

D. 墩布

二、配制溶液

1. 请你查阅相关资料，完成标准贮备液的配制，并做好原始记录（表 2-18）。

表 2-18　标准贮备液配制

	采用的药品	试剂纯度等级	配制方法
元素浓度 1000mg/L	纯铜		称量____g，定容至____mL
	硫酸铜($CuSO_4 \cdot 5H_2O$)		称量____g，定容至____mL
	硫酸铜($CuSO_4 \cdot 2H_2O$)		称量____g，定容至____mL
	铜单元素标准溶液		称量____g，定容至____mL

2. 表 2-18 中应该选择哪种物质来配制标准贮备液？选择的理由是什么？

3. 你们小组设计的标准工作液浓度什么（表 2-19）？

表 2-19 标准工作液浓度

容量瓶编号	标准溶液			
	1	2	3	4
加入铜标准溶液浓度/(mg/L)	0	0.5	1	1.5
吸取标准溶液的体积/mL				
吸取样品的体积/mL				
定容体积/mL	10	10	10	10
$A_{铜}$				
测定铜的含量/(mg/L)				
原水样中铜的含量/(mg/L)				

记录配制过程：

（1）________________

（2）________________

（3）________________

（4）________________

（5）________________

你的小组在配制过程中的异常现象及处理方法：

（1）________________

（2）________________

（3）________________

（4）________________

4. 阅读标准，回答以下问题：

仪器操作按照仪器说明书将仪器工作条件调整至测铜最佳状态，选择灵敏吸收线 324.7nm。

直接法测定适用于含铜量较高的水样。用每升含 1.5mL 浓硝酸的纯水将铜标准贮备液稀释并配制成 0.2～5.0mg/L 的铜标准系列。

萃取法测定适用于含铜量较低的水样。用每升含 1.5mL 硝酸的纯水将铜标准贮备液稀释为含铜 3.0μg/mL，分别向 6 个 125mL 分液漏斗中加入 0mL，0.25mL，0.50mL，1.00mL，2.00mL 和 3.00mL，用每升含 1.5mL 硝酸的纯水稀释到 100mL，配成含铜 0μg/L，7.5μg/L，15.0μg/L，30.0μg/L，60.0μg/L，90.0μg/L 的标准系列。

取水样 100mL 于另一个 125mL 分液漏斗中。向盛有水样和标准贮备液的分液漏斗中，各加酒石酸溶液 5.0mL，混匀。加溴酚蓝指示剂数滴，用硝酸溶液或氢氧化钠溶液将标准及水样的 pH 调至 2.2～2.8（溶液由蓝色变成黄色）。向各分液漏斗中加入 APDC 2.5mL，混匀，再加入 MIBK 10mL，振摇 2min。静置分层，弃去水相，将 MIBK 层经脱脂棉滤入具塞试管中。

将 MIBK 层喷入火焰，调节进样量至每分钟 0.8～1.5mL，减小乙炔流量，调节火焰至正常高度。

（1）上述资料中有几种测定铜的方法？

（2）用萃取法测定含量较低的铜水样的优缺点有哪些？

（3）萃取法处理样品的试剂有哪些？实验室是如何处理这些废液的？

三、确认仪器状态

1. 原子吸收仪器由光源、原子化器、分光系统和检测系统四部分组成，请你参考实训室仪器操作手册和图 2-1，填写表 2-20。

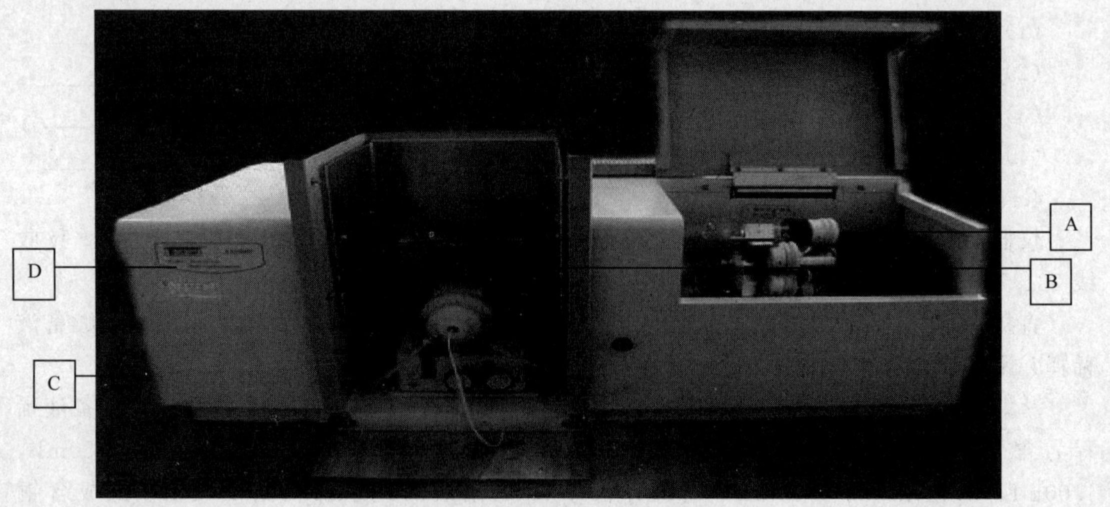

图 2-1　原子吸收分光光度计

表 2-20 原子吸收分光光度计组成

代号	名称	作用	组成或种类
A			
B			
C			
D			

2. 请你用一段话说明原子吸收法进行样品检测的流程。

3. 在你的实验室里有哪些品牌的原子吸收仪器，说明同一厂家不同系列的区别（表 2-21）。

表 2-21 不同品牌的原子吸收仪器优缺点

仪器厂家	仪器	优点	缺点

4. 在测定水中挥发酚的实验中使用了分光光度计，请你完成表 2-22。

表 2-22 比色法与原子吸收法对比

方法	不同点				相同点		
	吸收机理	光源	样品状态	仪器排布	应用	定量	工作波长/nm
比色法							
原子吸收法							

练习：写出图 2-2～图 2-5 操作步骤。

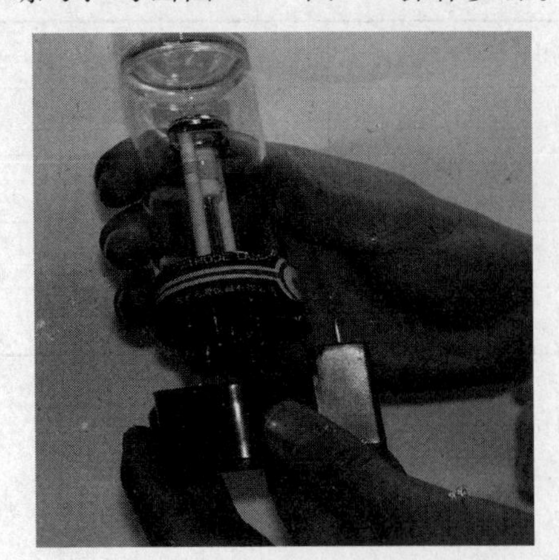

图 2-2

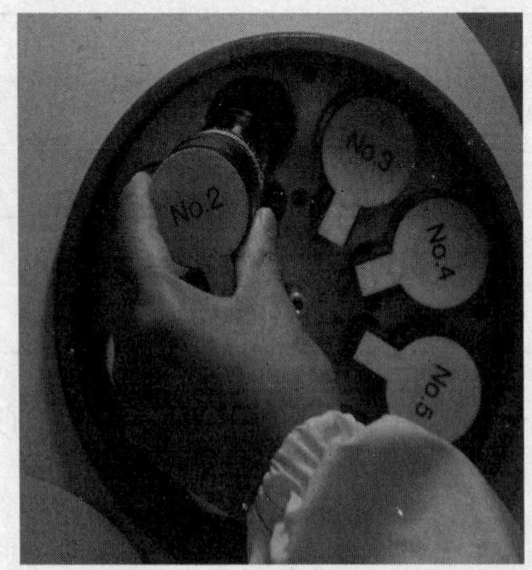

图 2-3

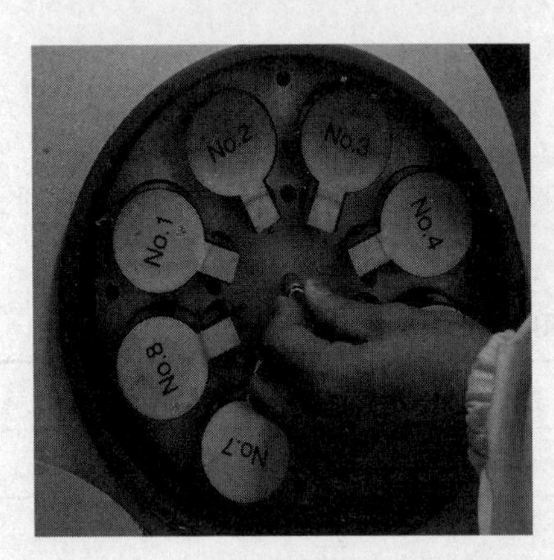

图 2-4

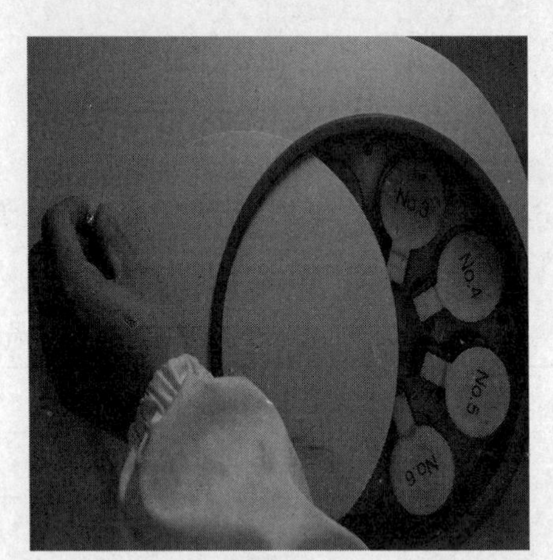

图 2-5

5. 请仔细阅读“作业指导书”，写出图 2-6～图 2-8 的操作要点：调节燃烧器，对准光路如何操作？

图 2-6　操作（一）

图 2-7　操作（二）

图 2-8　操作（三）

小组操作记录（表 2-23）：

表 2-23　操作记录

序号	操作	现象	备注
1			
2			
3			

6. 请按照作业指导书完成下列设备的使用。

请认真阅读《作业指导书》及《气瓶使用规范》，完成下列各题：

图 2-9 所示为__________。其中，A 的作用是__________，B 的作用是__________，C

图 2-9　设备示意图

的作用是＿＿＿＿＿＿。

该仪器在什么时候打开，请你说出该仪器如何操作，操作参数是多少？

＿＿

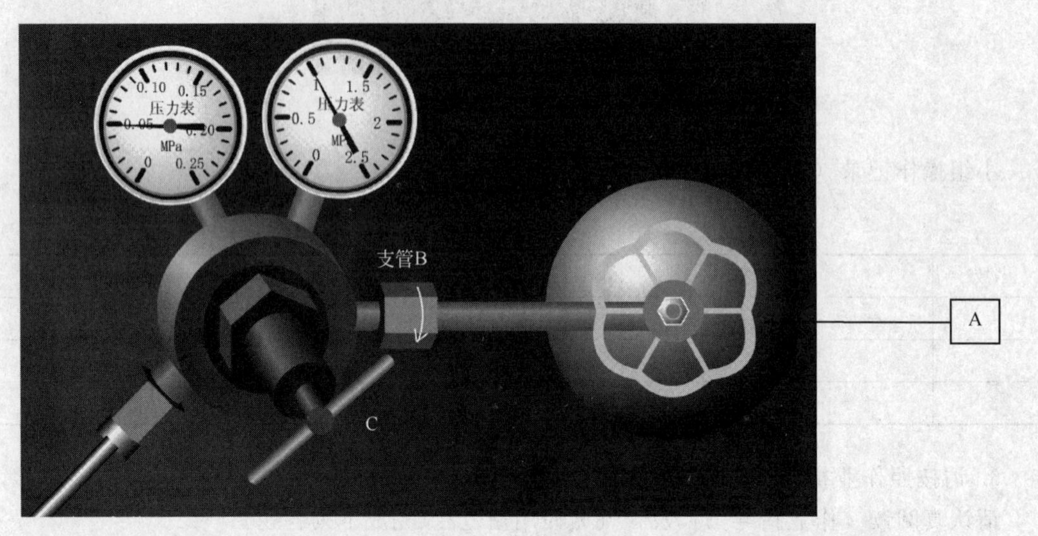

图 2-10　调节压力

图 2-10 所示为＿＿＿＿＿＿，首先时针打开，此时压力表显示钢瓶内＿＿＿＿＿＿。用手按时针方向转动，调节乙炔输出压力。请你写出操作该设备的注意事项。

（1）＿＿＿＿＿＿＿＿＿＿＿＿＿＿＿＿＿＿＿＿＿＿＿＿＿＿＿＿＿＿＿＿＿＿＿＿＿＿

（2）＿＿＿＿＿＿＿＿＿＿＿＿＿＿＿＿＿＿＿＿＿＿＿＿＿＿＿＿＿＿＿＿＿＿＿＿＿＿

（3）＿＿＿＿＿＿＿＿＿＿＿＿＿＿＿＿＿＿＿＿＿＿＿＿＿＿＿＿＿＿＿＿＿＿＿＿＿＿

7. 请阅读原子吸收操作规程，完成开机操作，并记录开机时出现的异常现象（表 2-24）。

表 2-24　开机操作

步骤序号	内容	异常现象
1		
2		
3		
4		

8. 请阅读原子吸收仪器的操作规程，完成关机操作，并记录开机的现象及注意事项。

(1) 请写出正确的关机操作步骤，并在图 2-11～图 2-15 中标出。

图 2-11

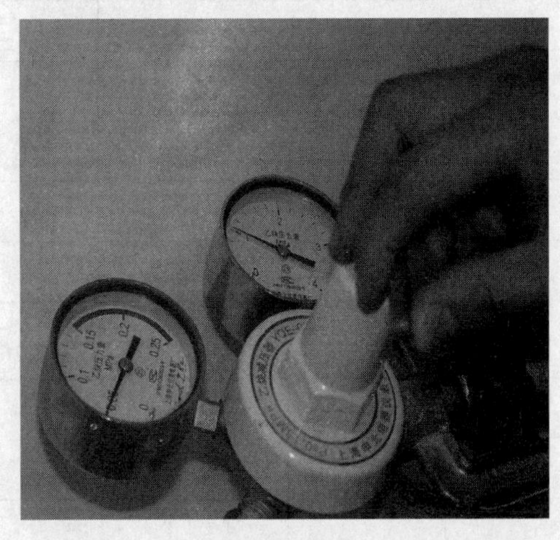

图 2-12

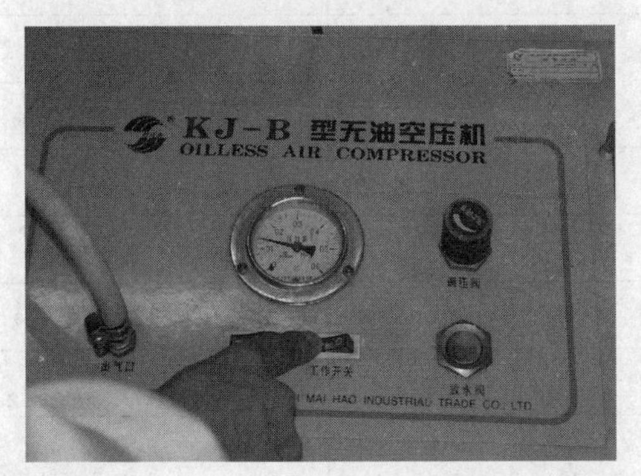

图 2-13

图 2-14

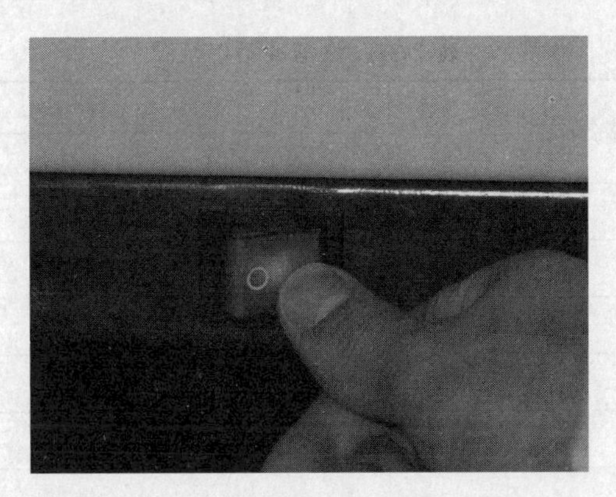

图 2-15

(2) 小组的关机操作及现象记录（表 2-25）。

9. 按照操作规程，记录仪器状态，并判断仪器状态是否稳定（表 2-26）。

10. 完成仪器准备确认单（表 2-27）。

表 2-25 关机操作

序号	操作	现象	备注
1			
2			
3			
4			
5			

表 2-26 仪器状态

仪器编号		组别	
参数	数值	是否正常	非正常处理方法

表 2-27 仪器准备确认单

序号	仪器名称	状态确认	
		可行	否,解决办法
1			
2			
3			
4			
5			
6			
7			
8			
9			

四、验证检测方法（表 2-28～表 2-30）

表 2-28　检测方法验证评估表

记录格式编号：AS/QRPD002—40

<table>
<tr><td>方法名称</td><td colspan="3"></td></tr>
<tr><td>方法验证时间</td><td></td><td>方法验证地点</td><td></td></tr>
<tr><td colspan="4">方法验证过程：</td></tr>
<tr><td colspan="4">方法验证结果：

验证负责人：　　　　日期：</td></tr>
</table>

方法验证人员	分工	签字

表 2-29　检测方法试验验证报告

记录格式编号：AS/QRPD002—42

<table>
<tr><td>方法名称</td><td colspan="6"></td></tr>
<tr><td>方法验证时间</td><td colspan="2"></td><td colspan="2">方法验证地点</td><td colspan="2"></td></tr>
<tr><td>方法验证依据</td><td colspan="6"></td></tr>
<tr><td colspan="7">方法验证结果</td></tr>
<tr><td></td><td></td><td></td><td></td><td></td><td></td><td></td></tr>
<tr><td></td><td></td><td></td><td></td><td></td><td></td><td></td></tr>
<tr><td></td><td></td><td></td><td></td><td></td><td></td><td></td></tr>
<tr><td></td><td></td><td></td><td></td><td></td><td></td><td></td></tr>
<tr><td></td><td></td><td></td><td></td><td></td><td></td><td></td></tr>
<tr><td></td><td></td><td></td><td></td><td></td><td></td><td></td></tr>
<tr><td></td><td></td><td></td><td></td><td></td><td></td><td></td></tr>
<tr><td></td><td></td><td></td><td></td><td></td><td></td><td></td></tr>
<tr><td></td><td></td><td></td><td></td><td></td><td></td><td></td></tr>
<tr><td></td><td></td><td></td><td></td><td></td><td></td><td></td></tr>
<tr><td></td><td></td><td></td><td></td><td></td><td></td><td></td></tr>
<tr><td></td><td></td><td></td><td></td><td></td><td></td><td></td></tr>
</table>

验证人：　　　　　　　　校核人：　　　　　　　　日期：

表 2-30　新检测项目试验验证确认报告

记录格式编号：AS/QRPD002—53

<table>
<tr><td>方法名称</td><td colspan="3"></td></tr>
<tr><td>检测参数</td><td colspan="3"></td></tr>
<tr><td>检测依据</td><td colspan="3"></td></tr>
<tr><td>方法验证时间</td><td></td><td>方法验证地点</td><td></td></tr>
<tr><td>验证人</td><td></td><td>验证人意见</td><td></td></tr>
<tr><td colspan="4">技术负责人意见

签字：　　　　日期：</td></tr>
<tr><td colspan="4">中心主任意见

签字：　　　　日期：</td></tr>
</table>

1. 方法验证主要验证哪些参数呢？请记录工作过程（表 2-31）。

表 2-31 工作过程

序号	参数	工作过程
1		
2		
3		
4		
5		
6		

2. 方法验证的结果是什么呢？它有哪些参数符合你的小组的测定，如果有不符合的参数，请你的小组经过讨论说出如何优化。

五、实施分析检测

1. 请记录检测过程中出现的问题及解决方法（表 2-32）。

表 2-32 问题及解决方法

序号	出现的问题	解决方法	原因分析
1			
2			
3			
4			
5			

2. 请做好实验记录（表 2-34），并且在仪器旁的仪器使用记录上进行签字（表 2-33）。

表 2-33 仪器使用记录

小组名称		组员	
仪器型号/编号		所在实验室	
元素灯的选择		灯电流	
助燃比		狭缝宽度	
分析波长		原子化器高度	
仪器使用是否正常			
组长签名/日期			

表 2-34　北京市工业技师学院分析测试中心工业废水中铜含量的分析原始记录

编号：GLAC-JL -R058-1　　　　　　　　　　　　　　　　　　序号：

样品类别：　　　　　　　　　　　　　检测日期：

样品状态：与任务书是否一致：□一致　□不一致

不一致的样品编号及相关说明：________________。

检测项目：

检测依据：GB/T 5750.6—2006 生活饮用水标准检验方法金属指标

仪器名称：　　　　　　　　　　仪器编号：

检测地点：　　　　　　　　　　室内温度：　　℃　　室内湿度：　　%

标准物质标签：　　　　　　　　见：GLAC-JL-42-　标准物质溶液稀释表（序号：　　　　　　　）

标准工作液名称	编号	浓度/(mg/L)	配制人	配制日期	失效日期

标准物质工作曲线：

工作曲线标准物质浓度/(mg/L)					
吸光度值					
回归方程				r	

标准物质工作曲线：

计算公式：

$$C = M \times D$$

式中　C——样品中待测离子含量，mg/L；

M——由校准曲线上查得样品中待测离子的含量，mg/L；

D——样品稀释倍数。

检测结果：

检出限：检测结果保留三位有效数字

编号：GLAC-JL -R058-1　　　　　　　　　　　序号：

样品编号	样品名称	M/(mg/L)	D	C/(mg/L)	平均值/(mg/L)	实测值/(mg/L)	测得误差/%	允许误差/%

检测人：　　　　　　　　　　　　　　　　　　　　　　校核人：

第　　页 共　　页

3. 请阅读下列资料说明什么是仪器的检出限？检出限的操作方法是什么（表 2-35）？

表 2-35 实验记录

空白吸光度测量											
11 次空白标准偏差											
工作曲线斜率											
检出限											

检出限是指能以 99.7%（三倍标准偏差）的置信度检测出试样中被测组分的最低含量或最小浓度，是仪器分析方法的一项综合指标，也是检出能力的表征。

将仪器各参数调至正常工作状态，用空白溶液调零，根据仪器灵敏度条件，选择系列：0.0μg/mL，0.5μg/mL，1.0μg/mL，3.0μg/mL 铜标准溶液，对每一浓度点分别进行三次吸光度重复测定，取三次测定的平均值后，按线性回归法求出工作曲线的斜率（b），即为仪器测定铜的灵敏度（S）。

在与上述完全相同的条件下，对空白溶液进行 11 次吸光度测量，并求出其标准偏差（S_A）。并按下列公式计算出检出限 C_L。

$$C_L = 3S_A/b$$

式中 b——工作曲线的斜率。

4. 请阅读下列资料，说明什么是仪器的定量限？定量限怎么计算？你的小组测定溶液的定量限是多少？

定量限是指分析方法实际可能定量测定某组分的下限。定量限不仅与测定噪声有关，而且也受到“空白”值绝对水平的限制，只有当分析信号比“空白”值大到一定程度时才能可靠地分辨与检测出来。一般以 10 倍空白信号的标准偏差所相应的量值作为定量限，也有用 3 倍检出限作为定量限。

- **小测试**

实际工作中经常采用标准加入法测定复杂基体中元素的含量。标准加入法的操作：吸取试液 4 份以上，第一份不加待测元素标准溶液；第二份开始，依次按比例加入不同量待测组分标准溶液，用溶剂稀释至同一体积，以空白为参比，在相同测量条件下，分别测量各份试液的吸光度，绘出工作曲线，并将它外推至浓度轴，在浓度轴上的截距即为未知浓度 C_X。

（1）针对本实验，你能否设计一个溶液配制方案并完成试液中铜的测定？已知试样的浓度 2～3μg/mL，铜的线性范围 0～5μg/mL，铜标液 100μg/mL。并说出实验使用的玻璃仪器。

（2）用标准加入法测定一无机试样溶液中镉的浓度，各试液在加入镉标准溶液后，用水稀释至 50mL，测得其吸光度如表 2-36 所示，求镉的浓度。

表 2-36　吸光度

序号	试液的体积/mL	加入标准溶液(10μg/mL)的体积/mL	吸光度
1	20	0	0.042
2	20	1	0.080
3	20	2	0.116
4	20	4	0.190

六、教师考核表（表 2-37）

表 2-37 教师考核表

<table>
<tr><td colspan="8">工业废水中铜含量的分析实施检测方案工作流程评价表</td></tr>
<tr><td colspan="4">第一阶段：配制溶液（10 分）</td><td>正确</td><td>错误</td><td>分值</td><td>得分</td></tr>
<tr><td>1</td><td colspan="2" rowspan="5">配制定容溶液</td><td>定容溶液准备</td><td></td><td></td><td rowspan="5">4 分</td><td rowspan="5"></td></tr>
<tr><td>2</td><td>定容溶液选择</td><td></td><td></td></tr>
<tr><td>3</td><td>定容溶液移取</td><td></td><td></td></tr>
<tr><td>4</td><td>定容溶液配制</td><td></td><td></td></tr>
<tr><td>5</td><td>定容溶液保存</td><td></td><td></td></tr>
<tr><td>6</td><td colspan="2" rowspan="4">配制标准溶液（备注：需要填写标准溶液配制记录）</td><td>标准溶液选择</td><td></td><td></td><td rowspan="4">4 分</td><td rowspan="4"></td></tr>
<tr><td>7</td><td>标准中间溶液浓度选择</td><td></td><td></td></tr>
<tr><td>8</td><td>标准中间溶液移取定容</td><td></td><td></td></tr>
<tr><td>9</td><td>标准中间溶液保存</td><td></td><td></td></tr>
<tr><td>10</td><td colspan="2" rowspan="3">配制标准工作液</td><td>标准工作曲线浓度计算</td><td></td><td></td><td rowspan="3">2 分</td><td rowspan="3"></td></tr>
<tr><td>11</td><td>标准工作曲线移取定容</td><td></td><td></td></tr>
<tr><td>12</td><td>标准工作曲线保存</td><td></td><td></td></tr>
<tr><td colspan="4">第二阶段：确认仪器设备状态（20 分）</td><td>正确</td><td>错误</td><td>分值</td><td>得分</td></tr>
<tr><td>13</td><td rowspan="17">指认仪器</td><td rowspan="12">检测仪器</td><td>仪器基本信息</td><td></td><td></td><td rowspan="6">3 分</td><td rowspan="6"></td></tr>
<tr><td>14</td><td>仪器按钮信息</td><td></td><td></td></tr>
<tr><td>15</td><td>光源位置</td><td></td><td></td></tr>
<tr><td>16</td><td>原子化器位置</td><td></td><td></td></tr>
<tr><td>17</td><td>分光系统位置</td><td></td><td></td></tr>
<tr><td>18</td><td>检测系统位置</td><td></td><td></td></tr>
<tr><td>19</td><td>水封位置</td><td></td><td></td><td rowspan="6">2 分</td><td rowspan="6"></td></tr>
<tr><td>20</td><td>空气进仪器管位置</td><td></td><td></td></tr>
<tr><td>21</td><td>乙炔进仪器管位置</td><td></td><td></td></tr>
<tr><td>22</td><td>样品进样管位置</td><td></td><td></td></tr>
<tr><td>23</td><td>废液管位置</td><td></td><td></td></tr>
<tr><td>24</td><td>废液桶</td><td></td><td></td></tr>
<tr><td>25</td><td rowspan="5">外部设备</td><td>空气压缩机</td><td></td><td></td><td rowspan="5">2 分</td><td rowspan="5"></td></tr>
<tr><td>26</td><td>空气压缩机按钮</td><td></td><td></td></tr>
<tr><td>27</td><td>乙炔气瓶</td><td></td><td></td></tr>
<tr><td>28</td><td>乙炔气瓶压力表</td><td></td><td></td></tr>
<tr><td>29</td><td>乙炔报警设置位置</td><td></td><td></td></tr>
</table>

续表

第二阶段：确认仪器设备状态(20分)				正确	错误	分值	得分
30	确认仪器状态	实训室安全	检查实训室水电气			2分	
31			检查排风设备				
32		开机操作	打开电源开关			3分	
33			打开电脑				
34			选择空隙阴极灯				
35			空隙阴极灯安装				
36			空隙阴极灯固定				
37			盖好灯室门				
38			开启主机电源				
39			打开工作软件				
40			初始化仪器				
41			空心阴极灯选择、预热				
42			设置灯电流				
43			设置燃气比				
44			扫描寻峰			4分	
45			调节灯位置				
46			调节能量平衡				
47			设置实验条件				
48			检查水封				
49			开启空气压缩机				
50			调节出口压力0.25～0.3MPa				
51			开启乙炔钢瓶				
52			调节出口压力0.05～0.07MPa				
53			点火				
54		关机操作	关闭乙炔钢瓶			4分	
55			关闭空气压缩机				
56			退出工作软件				
57			关闭主机电源				
58			关闭电脑				

第三阶段：检测方法验证(10分)		正确	错误	分值	得分
59	填写检测方法验证评估表			5分	
60	填写检测方法试验验证报告				
61	填写新检测项目试验验证确认报告			5分	
备注：需要填写检测方法验证原始记录					

续表

第四阶段:实施分析检测(30 分)		正确	错误	分值	得分
62	样品预处理方法选择			5 分	
63	样品预处理操作				
64	设置标准曲线浓度			10 分	
65	设置样品信息				
66	仪器稳定 20min 后分析				
67	仪器校零				
68	进样管清洗				
69	标准工作曲线测定				
70	建立标准曲线				
71	标准曲线方程的判断				
72	样品空白与样品的测定				
73	样品检测结果记录			15 分	
74	质控样品检测结果记录				
75	样品检测结果自平行				
76	质控样品检测结果自平行				
备注:需要填写检测结果原始记录					
第五阶段:原始记录评价(10 分)		正确	错误	分值	得分
77	填写标准溶液原始记录			10 分	
78	填写仪器操作原始记录				
79	填写检测方法验证原始记录				
80	填写检测结果原始记录				
工业废水中铜含量的分析测项目分值小计				80 分	

综合评价项目		详细说明	分值	得分
1	基本操作规范性	动作规范准确得 5 分	5 分	
		动作比较规范,有个别失误得 2 分		
		动作较生硬,有较多失误得 1 分		
2	熟练程度	操作非常熟练得 3 分	3 分	
		操作较熟练得 2 分		
		操作生疏得 1 分		
3	分析检测用时	按要求时间内完成得 3 分	3 分	
		未按要求时间内完成得 2 分		
4	实验室 5S	试验台符合 5S 得 2 分	2 分	
		试验台不符合 5S 得 1 分		
5	礼貌	对待考官礼貌得 2 分	2 分	
		欠缺礼貌得 1 分		
6	工作过程安全性	非常注意安全得 5 分	5 分	
		有事故隐患得 1 分		
		发生事故得 0 分		
综合评价项目分值小计			20 分	
总成绩分值合计			100 分	

七、评价（表 2-38）

表 2-38　评价

评分项目			配分	评分细则	自评得分	小组评价	教师评价
素养（20分）	纪律情况（5分）	不迟到，不早退	2分	违反一次不得分			
		积极思考，回答问题	2分	根据上课统计情况得1～2分			
		三有一无（有本笔书，无手机）	1分	违反规定每项扣1分			
		执行教师命令	0分	此为否定项，违规酌情扣10～100分，违反校规按校规处理			
	职业道德（5分）	与他人合作	2分	不符合要求不得分			
		追求完美	3分	对工作精益求精且效果明显得3分；对工作认真得2分；其余不得分			
	5S（5分）	场地、设备整洁干净	3分	合格得3分；不合格不得分			
		服装整洁，不佩戴饰物	2分	合格得2分；违反一项扣1分			
	职业能力（5分）	策划能力	3分	按方案策划逻辑性得1～5分			
		资料使用	2分	正确查阅作业指导书和标准得2分			
		创新能力*（加分项）	5分	项目分类、顺序有创新，视情况得1～5分			
核心技术（60分）	教师考核分×0.6＝						
工作页完成情况（20分）	按时完成工作页（20分）	按时提交	5分	按时提交得5分，迟交不得分			
		完成程度	5分	按情况分别得1～5分			
		回答准确率	5分	视情况分别得1～5分			
		书面整洁	5分	视情况分别得1～5分			
总分							
综合得分（自评20%，小组评价30%，教师评价50%）							
教师评价签字：				组长签字：			
请你根据以上打分情况，对本活动当中的工作和学习状态进行总体评述（从素养的自我提升方面、职业能力的提升方面进行评述，分析自己的不足之处，描述对不足之处的改进措施）。							
教师指导意见							

学习活动四　验收交付

建议学时：4学时

学习要求：能够对检测原始数据进行数据处理并规范完整地填写报告书，并对超差数据原因进行分析，具体要求见表2-39。

表 2-39　具体工作步骤及要求

序号	工作步骤	要求	学时	备注
1	编制数据评判表	计算精密度、准确度、相关系数、互平行数据并填写评判表	2.0学时	
2	编写成本核算表	能计算耗材和其他检测成本	1.0学时	
3	填写检测报告书	依据规范出具检测报告校对、签发	0.5学时	
4	评价	按评价表对学生各项表现进行评价	0.5学时	

一、编制数据评判表

1. 对原始记录数据进行计算，并将计算结果填写在原始记录报告单上。

2. 请计算出工业废水中铜含量的计算原理、精密度计算公式和质量控制计算公式，并计算铜的相关数据。

3. 数据评判表（表 2-40）。

表 2-40　数据评判表

(1)相关规定

① 精密度≤10%,满足精密度要求
　精密度>10%,不满足精密度要求

② 相关系数≥0.995,满足要求
　相关系数<0.995,不满足要求
　检出限查阅相关标准和仪器说明书

③ 互平行≤15%,满足精密度要求
　互平行>15%,不满足精密度要求

④ 质控范围:90%～120%

(2)实际水平及判断:符合准确性要求:是□　否□

① 精密度判断

内容	铜
精密度测定值	
判定结果 是或否	

② 检出限判断

内容	铜
检出限测定值	
判定结果 是或否	

工作曲线相关系数判断

内容	铜
相关系数	
判定结果 是或否	

续表

③ 互平行判断

内容	铜
互平行测定值	
判定结果 （是或否）	

④ 质控结果测定结果可靠性对比判断表

内容	铜
质控样测定值	
质控样真实值	
回收率/%	
判定结果	

(3)若不能满足规定要求时，请小组讨论，说明是什么原因造成的？

二、编写成本核算表（表2-41、表2-42）

1. 请小组讨论，回顾整个任务的工作过程，罗列出我们所使用的试剂、耗材，并参考库房管理员提供的价格清单，对此次任务的成本进行估算。

表2-41 试剂、耗材成本核算表

序号	试剂名称	规格	单价/元	使用量	成本/元
1					
2					
3					
4					
5					
6					
7					
8					

续表

序号	试剂名称	规格	单价/元	使用量	成本/元
9					
10					
11					
12					
13					
合计					

2. 工作中，除了试剂、耗材成本以外，要完成此项任务，还有哪些成本呢？比如人工成本、固定资产折旧等，请小组讨论，罗列出至少3条。

表2-42 其他成本估算

序号	项目	单价/元	使用量	成本/元
1				
2				
3				
4				
5				
6				
7				
8				
9				

3. 如何有效地在保证质量的基础上控制成本呢？请小组讨论，罗列出至少3条。

(1) ______________________________

(2) ______________________________

(3) ______________________________

(4) ______________________________

三、填写检测报告书

如果检测数据评判合格，按照报告单的填写程序和填写规定认真填写检测报告书（表2-43）；如果评判数据不合格，需要重新检测数据合格后填写检测报告。

表 2-43 北京市工业技师学院

分析测试中心

检 测 报 告 书

检品名称______________________________

被检单位______________________________

报告日期　　年　　月　　日

检测报告书首页

北京市工业技师学院分析测试中心

字（20 年）第 号

检品名称________________ 检测类别 委托(送样)

被检单位________________ 检品编号________________

生产厂家________________ 检测目的________________ 生产日期________

检品数量________________ 包装情况________________ 采样日期________

采样地点________________ 检品性状________________ 送检日期________

检测项目________________

检测及评价依据：

本栏目以下无内容

结论及评价：

本栏目以下无内容

检测环境条件： 温度： 相对湿度： 气压：

主要检测仪器设备：

名称 编号 型号

名称 编号 型号

报告编制： 校对： 签发： 盖章

年 月 日

报告书包括封面、首页、正文(附页)、封底，并盖有计量认证章、检测章和骑缝章。

检测报告书

项目名称	限值	测定值	判定

报告书包括封面、首页、正文（附页）、封底，并盖有计量认证章、检测章和骑缝章。

四、评价（表 2-44）

请你根据下表要求对本活动中的工作和学习情况进行打分。

表 2-44 评价

项次	项目要求		配分	评分细则	自评得分	小组评价	教师评价
素养（20分）	纪律情况（5分）	按时到岗，不早退	2分	违反规定，每次扣5分			
		积极思考，回答问题	2分	根据上课统计情况得1～2分			
		三有一无（有本、笔、书，无手机）	1分	违反规定不得分			
		执行教师命令	0分	此为否定项，违规酌情扣10～100分，违反校规按校规处理			
	职业道德（10分）	能与他人合作	3分	不符合要求不得分			
		数据填写	3分	能客观真实得3分；篡改数据0分			
		追求完美	4分	对工作精精益求精且效果明显得4分；对工作认真得3分；其余不得分			
	成本意识（5分）		5分	有成本意识，使用试剂耗材节约，能计算成本量5分；达标得3分；其余不得分			
核心技术（60分）	数据处理（5分）	能独立进行数据的计算和取舍	5分	独立进行数据处理，得5分；在同学老师的帮助下完成，可得2分			
	数据评判（40分）	能正确评判工作曲线、相关系数、检出限	10分	能正确评判合格与否得10分；评判错误不得分			
		能够评判精密度是否合格	10分	自平行≤5%得10分；5%～10%之间得0～10分；自平行>10%不得分			
		能够达到互平行标准	10分	互平行≤10%得10分；10%～15%之间得0～10分；自平行>15%不得分			
		能够达到质控标准	10分	能够达到质控值得10分			
	报告填写（15分）	填写完整规范	5分	完整规范得5分，涂改填错一处扣2分			
		能够正确得出样品结论	5分	结论正确得5分			
		校对签发	5分	校对签发无误得5分			
工作页完成情况（20分）	按时完成工作页（20分）	及时提交	5分	按时提交得5分，迟交不得分			
		内容完成程度	5分	按完成情况分别得1～5分			
		回答准确率	5分	根据准确率情况分别得1～5分			
		有独到的见解	5分	根据见解程度分别得1～5分			
总分							
加权平均（自评20%，小组评价30%，教师评价50%）							
教师评价签字：				组长签字：			
请你根据以上打分情况，对本活动当中的工作和学习状态进行总体评述（从素养的自我提升方面、职业能力的提升方面进行评述，分析自己的不足之处，描述对不足之处的改进措施）。							
教师指导意见							

学习活动五　总结拓展

建议学时：6学时

学习要求：通过本活动总结本项目的作业规范和核心技术，并通过同类项目练习进行强化，工作要求见表2-45。

表2-45　具体工作步骤及要求

序号	工作步骤	要求	学时	备注
1	撰写项目总结	能在60min内完成总结报告撰写，要求提炼问题有价值，能分析检测过程中遇到的问题	2.0学时	
2	编制检测方案	在60min内按照要求完成工业废水中铜的测定方案的编写	3.5学时	
3	评价		0.5学时	

一、撰写项目总结（表 2-46）

要求：

（1）语言精练，无错别字。

（2）编写内容主要包括：学习内容、体会、学习中的优缺点及改进措施。

（3）要求字数 500 字左右，在 60min 内完成。

表 2-46 项目总结

项目总结

一、任务说明

二、工作过程

序号	主要操作步骤	主要要点
1		
2		
3		
4		
5		
6		
7		

三、遇到的问题及解决措施

四、个人体会

二、编制检测方案（表 2-47）

请查阅 GB/T 5750.6—2006 和附录的作业指导书（表 2-48），编写饮用水中铜的测定方案。

表 2-47 检测方案

方案名称：

一、任务目标及依据

（填写说明：概括说明本次任务要达到的目标及相关标准和技术资料）

二、工作内容安排

（填写说明：列出工作流程、工作要求、仪器设备及试剂、人员和时间安排等）

工作流程	工作要求	仪器设备及试剂	人员	时间安排

三、验收标准

（填写说明：本项目最终的验收相关项目的标准）

四、有关安全注意事项及防护措施等

（填写说明：对检测的安全注意事项及防护措施，废弃物处理等进行具体说明）

表 2-48　作业指导书

北京市工业技师学院分析检测中心作业指导书	文件编号:BJTC-BFSOP082-V1.0
主题:饮用水中铜的测定	第　1　页共　4　页

直接吸入火焰原子吸收法测定镉、铜、铅、锌

1. 方法原理

将水样或消解处理好的试样直接吸入火焰,火焰中形成的原子蒸气对光源发射的特征电磁辐射产生吸收。将测得的样品吸光度和标准溶液的吸光度进行比较,确定样品中被测元素的含量。

2. 干扰及消除

地下水和地表水中的共存离子和化合物,在常见浓度下不干扰测定。当钙的浓度高于 1000mg/L 时,抑制镉的吸收,浓度为 2000mg/L 时,信号抑制达 19%。在弱酸性条件下,样品中六价铬的含量超过 30mg/L 时,由于生成铬酸铅沉淀而使铅的测定的结果偏低,在这种情况下需要加入 1%抗坏血酸将六价铬还原成三价铬。样品中溶解性硅的含量超过 20mg/L 时干扰锌的测定,使测定结果偏低,加入 200mg/L 钙可消除这一干扰。铁的含量超过 100mg/L 时,抑制锌的吸收。当样品中含盐量很高,分析波长又低于 350nm 时,可能出现非特征吸收。如高浓度的钙,因产生非特征吸收,即背景吸收,使铅的测定结果偏高。

基于上述原因,分析样品前需要检验是否存在基体干扰或背景吸收。一般通过测定加标回收率,判断基体干扰的程度,通过测定分析线附近 1nm 内的一条非特征吸收线处的吸收,可判断背景吸收的大小。根据表 1 选择与选用分析线相对应的非特征吸收谱线。

表 1　背景校正用的邻近线波长

元素	分析线波长/nm	非特征吸收谱线/nm
镉	228.8	229(氘)
铜	324.7	324(锆)
铅	283.3	283.7(锆)
锌	213.8	214(氘)

根据检验的结果,如果存在基体干扰,可加入干扰抑制剂,或用标准加入法测定并计算结果。如果存在背景吸收,用自动背景校正装置或邻近非特征吸收谱线法进行校正。后一种方法是从分析线处测得的吸收值中扣除邻近非特征吸收谱线处的吸收值,得到被测元素原子的真实吸收。此外,也可通过螯合萃取或样品稀释、分离或降低产生基体干扰或背景吸收的组分。

3. 方法的适用范围

本法适用于测定地下水、地表水和废水中的镉、铅、铜和锌。适用浓度范围与仪器的特性有关,表 2 列出一般仪器的适用浓度范围。

表 2　适用浓度范围

元素	适用浓度范围/(mg/L)	元素	适用浓度范围/(mg/L)
镉	0.05～1	铅	0.2～10
铜	0.05～5	锌	0.05～1

4. 仪器

原子吸收分光光度计、背景校正装置,所测元素的元素灯及其他必要的附件。

5. 试剂

5.1　硝酸(优级纯)。

5.2　高氯酸(优级纯)。

5.3　去离子水。

5.4　燃气:乙炔,纯度不低于 99.6%。

5.5　助燃气:空气,由气体压缩机供给,经过必要的过滤和净化。

5.6　金属标准贮备液:准确称取经稀酸清洗并干燥后的 0.5000g 光谱纯金属,用 50mL(1+1)硝酸溶解,必要时加热直至溶解完全。用水稀释至 500.0mL,此溶液每毫升含 1.00mg 金属。

续表

5.7　混合标准溶液：用0.2%硝酸稀释金属标准贮备溶液配制而成，使配成的混合标准溶液每毫升含镉、铜、铅和锌分别为10.0μg、50.0μg、100.0μg和10.0μg。

6. 步骤

6.1　样品预处理

取100mL水样放入200mL烧杯中，加入硝酸5mL，在电热板上加热消解（不要沸腾）。蒸至10mL左右，加入5mL硝酸和2mL高氯酸，继续消解，直至1mL左右。如果消解不完全，再加入硝酸5mL和高氯酸2mL，再次蒸至1mL左右。取下冷却，加水溶解残渣，用水定容至100mL。

取0.2%硝酸100mL，按上述相同的程序操作，以此为空白样。

6.2　样品测定

按表3所列参数选择分析线和调节火焰。仪器用0.2%硝酸调零，吸入空白样和试样，测量其吸光度。扣除空白样吸光度后，从校准曲线上查出试样中的金属浓度。如可能，也可从仪器上直接读出试样中的金属浓度。

表3　分析线波长和火焰类型

元素	分析线波长/nm	火焰类型
镉	228.8	乙炔-空气，氧化型
铜	324.7	乙炔-空气，氧化型
铅	283.3	乙炔-空气，氧化型
锌	213.8	乙炔-空气，氧化型

6.3　校准曲线

吸取混合标准液0mL，0.50mL，1.00mL，3.00mL，5.00mL和10.00mL，分别放入6个100mL容量瓶中，用0.2%硝酸稀释定容。此混合标准系列各金属的浓度见表4。接着按样品测定的步骤测量吸光度，用经空白校正的各标准的吸光度对相应的浓度作图，绘制校准曲线。

表4　标准系列的配制与浓度

混合标准使用溶液体积/mL		0	0.50	1.00	3.00	5.00	10.00
标准系列各金属浓度/(mg/L)	镉	0	0.05	0.10	0.30	0.50	1.00
	铜	0	0.25	0.50	1.50	2.50	5.00
	铅	0	0.50	1.00	3.00	5.00	10.00
	锌	0	0.05	0.10	0.30	0.50	1.00

注：定容体积100mL。

7. 计算

$$\text{被测金属(mg/L)}=\frac{m}{V}$$

式中　m——从校准曲线上查出或仪器直接读出的被测金属量，μg；

V——分析用的水样体积，L。

8. 精密度和准确度

精密度和准确度，如表5所示。

表5　精密度和准确度

元素	参加实验室数目	质控样品金属浓度/(μg/L)	平均测定值/(μg/L)	实验室内相对标准/%	实验室间相对标准偏差/%
镉	7	100	96	6.1	6.9
铜	5	500	480	3.1	7.1
铅	8	100	99.9	2.4	3.1
锌	4	500	507	1.6	2.2

编写		审核		批准	

• **小测试**

（1）任务过程中，在做标准加入法时，你的小组检测的主要步骤有哪些？

（2）在同时使用标准加入法和标准曲线法测铜时，你的小组测定的结果相同吗？

（3）任务完成以后，我们应该与造纸厂进行沟通，应该主要沟通哪些问题？

（4）请你通过做实验进行总结，根据操作步骤说明标准曲线法和标准加入法的主要区别点（表 2-49）。

表 2-49 标准曲线法和标准加入法区别

序号	工作环节	标准曲线法	标准加入法
1			
2			
3			
4			
5			
6			
7			
8			
9			
10			

三、评价（表 2-50）

请你根据下表要求对本活动中的工作和学习情况进行打分。

表 2-50 评价

评分项目			配分	评分细则	自评得分	小组评价	教师评价
素养（20分）	纪律情况（5分）	不迟到，不早退	2分	违反一次不得分			
		积极思考，回答问题	2分	根据上课统计情况得 1～2 分			
		有书、本、笔，无手机	1分	违反规定不得分			
		执行教师命令	0分	此为否定项，违规酌情扣 10～100 分，违反校规按校规			
	职业道德（5分）	与他人合作	3分	不合作不得分			
		认真钻研	2分	按认真程度得 1～2 分			
	5S（5分）	场地、设备整洁干净	3分	合格得 3 分；不合格不得分			
		服装整洁，不佩戴饰物	2分	合格得 2 分；违反一项扣 1 分			
	职业能力（5分）	总结能力	3分	视总结清晰流畅，问题清晰措施到位情况得 1～3 分			
		沟通能力	2分	总结汇报良好沟通得 1～2 分			
核心技术（60分）	技术总结（20分）	语言表达	3分	视流畅通顺情况得 1～3 分			
		关键步骤提炼	5分	视准确具体情况得 5 分			
		问题分析	5分	能正确分析出现问题得 1～5 分			
		时间要求	2分	在 60min 内完成总结得 2 分；超过 5min 扣 1 分			
		体会收获	5分	有学习体会收获得 1～5 分			
	工业废水中铜的测定方案（40分）	资料使用	5分	正确查阅国家标准得 5 分；错误不得分			
		目标依据	5分	正确完整得 5 分；基本完整扣 2 分			
		工作流程	5分	工作流程正确得 5 分；错一项扣1分			
		工作要求	5分	要求明确清晰 5 分；错一项扣 1 分			
		人员	5分	人员分工明确，任务清晰得 5 分；不明确一项扣 1 分			
		验收标准	5分	标准查阅正确完整得 5 分；错项漏项一项扣 1 分			
		仪器试剂	5分	完整正确得 5 分；错项漏项一项扣 1 分			
		安全注意事项及防护	5分	措施齐全有效得 5 分；错项漏项一项扣 1 分			
工作页完成情况（20分）	按时完成工作页（20分）	按时提交	5分	按时提交得 5 分，迟交不得分			
		完成程度	5分	按情况分别得 1～5 分			
		回答准确率	5分	视情况分别得 1～5 分			
		书面整洁	5分	视情况分别得 1～5 分			
总分							
综合得分（自评 20%，小组评价 30%，教师评价 50%）							
教师评价签字：				组长签字：			
请你根据以上打分情况，对本活动当中的工作和学习状态进行总体评述（从素养的自我提升方面、职业能力的提升方面进行评述，分析自己的不足之处，描述对不足之处的改进措施）。							
教师指导意见							

项目总体评价（表 2-51）

表 2-51　项目总体评价

项次	项目内容	权重	综合得分 （各活动加权平均分×权重）	备注
1	接收任务	10%		
2	制定方案	20%		
3	实施检测	45%		
4	验收交付	10%		
5	总结拓展	15%		
6	合计			
7	本项目合格与否		教师签字：	
请你根据以上打分情况，对本项目当中的工作和学习状态进行总体评述（从素养的自我提升方面、职业能力的提升方面进行评述，分析自己的不足之处，描述对不足之处的改进措施）。				
指导意见：				

学习任务三

工业废水中汞含量的分析

任务书

一、任务情景描述

受某造纸厂委托，对该企业的生产废水按照GB 3838—2002《地表水环境质量标准》进行样品的采集，并按《生活饮用水标准检验方法》(GB/T 5750.6—2006) 要求对其中汞含量进行常规项目加急仲裁性分析检测，以尽快判断水质情况，从而采取相应措施降低能耗，提高生产效率。我院分析检测中心接到该任务，选择重金属汞指标并由高级工来完成。请你按照水质标准要求，制定检测方案，完成分析检测，出具检测报告并进行合理化的建议，要求在5个工作日，完成5个采样点的水质分析，要求结果汞的批内相对标准偏差＜10%。

工作过程符合5S规范，检测过程符合GB/T 5750.6—2006《生活饮用水标准检验方法金属指标》标准要求。

二、学习活动及课时分配表(表3-1)

表3-1 学习活动及课时分配表

活动序号	学习活动	学时安排	备注
1	接受任务	4学时	
2	制定方案	10学时	
3	实施检测	36学时	
4	验收交付	4学时	
5	总结拓展	6学时	

学习活动一　接受任务

本活动将进行 4 学时，通过该活动，我们要明确“分析测试业务委托书”（表 3-3）中任务的工作要求，完成重金属汞含量的测定任务。具体工作步骤及要求见表 3-2。

表 3-2　具体工作步骤及要求

序号	工作步骤	要　求	时间	备注
1	识读任务书	能快速准确明确任务要求并清晰表达，在教师要求的时间内完成，能够读懂委托书各项内容，检测指标的特征与检测方法内涵	1.0 学时	
2	确定检测方法和仪器设备	能够选择任务需要完成的方法，并进行时间和工作场所安排，掌握相关理论知识	1.0 学时	
3	编制任务分析报告	能够清晰地描写任务认知与理解等，思路清晰，语言描述流畅	1.5 学时	
4	评价		0.5 学时	

表 3-3 北京市工业技师学院分析测试中心

分析测试业务委托书

批号： 记录格式编号：AS/QRPD002-10

顾客产品名称	工业废水	数量	10
顾客产品描述			
顾客指定的用途			
顾客委托分析测试事项情况记录			
测试项目或参数	铅等重金属的检测		
检测类别	□咨询性检测 √仲裁性检测 □诉讼性检测		
期望完成时间	□普通 年 月 日 √加急 年 月 日 □特急 年 月 日		
顾客对其产品及报告的处置意见			
产品使用完后的处置方式	□顾客随分析测试报告回收； □按废物立即处理； □按副样保存期限保存 √3个月 □6个月 □12个月 □24个月		
检测报告载体形式	□纸质 □软盘 √电邮	检测报告送达方式	□自取 □普通邮寄 □传真 √电邮
顾客名称（甲方）	北京城市排水集团高碑店污水处理厂	单位名称（乙方）	北京市工业技师学院分析测试中心
地址	北京市朝阳区高碑店甲一号	地址	北京市朝阳区化工路 51 号
邮政编码	100022	邮政编码	100023
电话	010-67745522	电话	010-67383433
传真	010-67745523	传真	010-67383433
E-mail	Zhaijj2011@163. com	E-mail	chunfangli@msn. com
甲方委托人（签名）		甲方受理人（签名）	
委托日期	年 月 日	受理日期	年 月 日

注：1. 本委托书与院 ISO 9001 顾客财产登记表（AS/QRPD754—01 表）等效。

2. 本委托书一式三份，甲方执一份，乙方执两份。甲方"委托人"和乙方"受理人"签字后协议生效。

一、识读任务书

1. 请同学们用红色笔划出委托单当中的关键词，并把关键词抄在下面。

2. 请你从关键词中选择词语组成一句话，说明该任务的要求。（要求：其中包含时间、地点、人物以及事件的具体要求）

3. 任务要求我们检测工业废水中汞含量，请你回忆一下，之前检测过水质的哪些指标呢？采用的是什么方法（表 3-4）？

表 3-4 指标及采用方法

序号	指标	采用方法
1		
2		
3		
4		
5		

4. 之前学习过的水质测定项目中，你认为难度最大的项目是什么？最需要加强练习的环节又是什么？（以水中铅的测定为例，写出不少于三条）

（1）________________

（2）________________

（3）________________

5. 通过查阅相关标准，生活污水中汞离子测定的主要工作流程是什么？请你总结每一步骤的要点及注意事项。

（1）________________

（2）________________

（3）________________

（4）________________

（5）________________

6. 汞的认识

（1）汞俗称水银，常温下是银白色液体，是室温下唯一的液态金属，有流动性。在自然界中主要以金属工艺学、无机汞和有机汞化合物的形式存在。请你查阅相关资料说明在我们的身边有可能发生汞污染的途径。

（2）水体中的无机汞离子通过微生物的作用可以转变成剧毒的甲基汞，由食物链进入人体，引起汞中毒。慢性汞中毒可使人性格变得胆小怕羞、孤独、厌烦、消极抑郁、易激怒，有时行为怪僻，自觉口内有金属味，口腔黏膜充血、牙龈红肿、牙齿松动、牙龈或口颊黏膜出现色素沉着（称为汞线），亦可出现“汞毒性震颤”，手指、舌、眼睑震颤最为常见，严重时可蔓延至颊肌、上肢、下肢，并出现手指书写震颤。根据上述资料请你判断，甲基汞和无机汞哪种毒性比较大？

(3) 20 世纪 50 年代，日本熊本县水俣市发生了震惊世界的公害事件。当地的许多居民都出现了运动失调、四肢麻木、疼痛、畸胎等症状，人们把它称为水俣病，而且这种病还能遗传给子女。据一份材料介绍，截止到 1976 年 2 月，当地患有水俣病的有 1386 人。经考查发现，一家工厂排出的废水中含有甲基汞，使鱼类受到污染。人们长期食用含高浓度有机汞的鱼类，也就将汞摄入体内而引起中毒。请你查阅相关资料说明，甲基汞中毒主要为神经系统症状，其中毒症状主要有哪些？(至少写出 3 点)

①____

②____

③____

7. 因为汞及其化合物对人体的危害性以及在生物体内的积累性，故我国已颁布的各种水质标准，如《中华人民共和国环境保护法》所制定的生活饮用水和农田灌溉水的水质标准都规定汞含量不得超过 0.001mg/L。请你查阅文献，完成表 3-5。

表 3-5　检测项目及限量要求

检测项目	水源类型	限量要求
汞	渔业用水	
	排放污水	
	饮用水、地面水和灌溉用水中	

二、确定检测方法和仪器设备

1. 任务书要求________天内完成该项任务，那么我们选择什么样的检测方法来完成呢？回忆一下之前所完成的工作，方法的选择一般有哪些注意事项？小组讨论完成，列出不少于 3 点，并解释。

(1)____

(2)____

(3)____

2. 请查阅相关国标，并以表格形式罗列出检测项目都有哪些检测方法、特征（表 3-6）。

表 3-6　检测方法及特征

检测项目	国标	检测方法	特征(主要仪器设备)
汞			

3. 阅读下列资料。

(1) 怎样用冷原子吸收分光光度法测定水中的汞？

冷原子吸收分光光度法测定水中的汞可参见《水质总汞的测定冷原子吸收分光光度法》(GB 7468—87)。其原理是：汞原子蒸气对 253.7nm 的紫外光具有强烈的吸收作用，吸光度与汞浓度成正比。(无烟煤标样)

测定前，采用高锰酸钾-过硫酸钾混合试剂或溴酸钾-溴化钾混合试剂在酸性介质中消解水样，使所含的汞全部转化为二价汞。过剩的氧化剂在临测定前用盐酸羟胺溶液还原。

测定时，先绘制标准曲线，方法是：配制汞标准溶液系列，加入氯化亚锡溶液将二价汞还原为元素汞，用载气将产生的汞蒸气带入测汞仪的吸收池测定吸光度。以经过空白校正的各测量值（吸光度）为纵坐标，相应标准溶液的汞浓度为横坐标，绘制出标准曲线。在相同条件下测定水样的吸光度，经空白校正后，从标准曲线上查得汞浓度，再乘以样品的稀释倍数，即得到水样中汞浓度。(煤标准物质)

冷原子吸收法适用于各种水体中汞的测定，其最低检测浓度为 0.1～0.5μg/L（因仪器灵敏度和采气体积不同而异)。

(2) 怎样用双硫腙分光光度法测定水中的汞？(烟煤标准物质)

双硫腙分光光度法测定水中的汞可参见《水质总汞的测定高锰酸钾过硫酸钾消解法 双硫腙分光光度法》(GB7469—87)。

在 95℃用高锰酸钾和过硫酸钾消解试样，将所含的汞全部转化为二价汞，用盐酸羟胺还原过剩的氧化剂，在酸性条件下，汞离子与加入的双硫腙溶液反应生成橙色螯合物，用有机溶剂萃取，再用碱溶液洗去过量的双硫腙，于 485nm 波长处测定吸光度，用标准曲线法计算水中的汞含量。作为萃取剂的有机溶剂可采用氯仿或四氯化碳，前者由于毒性较小，使用较为广泛。该方法汞的最低检出浓度为 2pg/L，测定上限为 40pg/L。适用于工业废水和受汞污染的地面水的监测。(煤炭成分分析标准物质)

该方法对测定条件控制要求较严格，尤其是对试剂的纯度和加入剂量要求较高。还应注意，汞是剧毒物质，萃取后含双硫腙汞的氯仿溶液切勿丢弃，应加入硫酸破坏有色螯合物，并与其他杂质一起随水相分离后，重蒸回收氯仿。剩余含汞废液加入氢氧化钠溶液中和至微碱性，再于搅拌下加入硫化钠溶液，使汞沉淀完全，沉淀物予以回收或进行其他处理。

4. 总结资料中有哪些检测方法。

5. 这几种方法的优缺点是什么？适用的范围有哪些？评价指标有哪些？

三、编制任务分析报告（表 3-7）

表 3-7 任务分析报告

1. 基本信息

	项目	名称	备注
1	委托任务的单位		
2	项目联系人		
3	委托样品		
4	检验参照标准		
5	委托样品信息		
6	检测项目		
7	样品存放条件		
8	样品处置		
9	样品存放时间		
10	出具报告时间		
11	出具报告地点		

2. 任务分析

(1)GB/T 5750—2006《生活饮用水标准检验方法金属指标》要求对工业废水中汞含量进行测定分别采用了哪些检测方法？

(2)针对工业废水中汞含量进行测定你准备分别选择哪一种？选择的依据是什么？

序号	检测项目	选择方法	选择依据
1			
2			
3			
4			
5			

(3)选择方法所使用的仪器设备列表

序号	检测项目	检测方法	主要仪器设备
1			
2			
3			
4			
5			
6			
7			
8			

四、评价（表 3-8）

表 3-8 评价

项次	项目要求		配分	评分细则	自评得分	小组评价	教师评价
素养（20分）	纪律情况（5分）	按时到岗，不早退	2分	缺勤全扣，迟到、早退出现一次扣1分			
		积极思考，回答问题	2分	根据上课统计情况得1～2分			
		学习用品准备	1分	自己主动准备好学习用品并齐全得1分			
		执行教师命令	0分	此为否定项，违规酌情扣10～100分，违反校规按校规处理			
	职业道德（6分）	主动与他人合作	2分	主动合作得2分；被动合作得1分			
		主动帮助同学	2分	能主动帮助同学得2分；被动得1分			
		严谨、追求完美	2分	对工作精益求精且效果明显得2分；对工作认真得1分；其余不得分			
	5S（4分）	桌面、地面整洁	2分	自己的工位桌面、地面整洁无杂物，得2分；不合格不得分			
		物品定置管理	2分	按定置要求放置得2分；其余不得分			
	阅读能力（5分）	快速阅读能力	5分	能快速准确明确任务要求并清晰表达得5分；能主动沟通在指导后达标得3分；其余不得分			
核心技术（60分）	识读任务书（20分）	委托书各项内容	5分	能全部掌握得5分；部分掌握得2～3分；不清楚不得分			
		重金属汞测定方法的优点及难点	5分	总结全面到位得5分；部分掌握得3～4分；不清楚不得分			
		重金属汞测定标准查阅及总结	5分	全部阐述清晰5分；部分阐述得3～4分；不清楚不得分			
		重金属汞危害及防治	5分	全部阐述清晰5分；部分阐述得3～4分；不清楚不得分			
	列出检测方法和仪器设备（15分）	每种检测方法的罗列齐全	5分	方法齐全，无缺项得5分；每缺一项扣1分，扣完为止			
		列出的相对应的仪器设备齐全	5分	齐全无缺项得5分；有缺项扣1分；不清楚不得分			
		对仲裁性及加急检测的理解与要求	5分	全部阐述清晰得5分；部分阐述得3～4分；不清楚不得分			
	任务分析报告（25分）	基本信息准确	5分	能全部掌握得5分；部分掌握得1～4分；不清楚不得分			
		最终选择的检测方法合理有效	5分	全部合理有效得5分；有缺项或者不合理扣1分			
		检测方法选择的依据阐述清晰	5分	清晰能得5分；有缺陷或者无法解释的每项扣1分			
		选择的检测方法与仪器设备匹配	5分	已选择的检测方法的仪器设备清单齐全，得5分；有缺项或不对应的扣1分			
		文字描述及语言	5分	语言清晰流畅得5分；文字描述不清晰，但不影响理解与阅读得3分；字迹潦草无法阅读得0分			
工作页完成情况（20分）	按时、保质保量完成工作页（20分）	按时提交	4分	按时提交得4分，迟交不得分			
		书写整齐度	3分	文字工整、字迹清楚，视情况得1～3分			
		内容完成程度	4分	按完成情况分别得1～4分			
		回答准确率	5分	视准确率情况分别得1～5分			
		有独到的见解	4分	视见解程度分别得1～4分			
合计			100分				
综合得分（自评20%，小组评价30%，教师评价50%）							
组长签字：				教师评价签字：			

续表

请你根据以上打分情况，对本活动当中的工作和学习状态进行总体评述（从素养的自我提升方面、职业能力的提升方面进行评述，分析自己的不足之处，描述对不足之处的改进措施）。
教师指导意见

学习活动二 制定方案

建议学时：10学时

学习要求：通过对生活污水中铅含量的测定方法的分析，编制工作流程表、仪器设备清单，完成检测方案。具体要求见表3-9。

表3-9 具体工作步骤及要求

序号	工作步骤	要求	学时	备注
1	编制工作流程	在45min内完成，流程完整，确保检测工作顺利有效完成	1.0学时	
2	编制仪器设备清单	仪器设备、材料清单完整，满足原子荧光检测试验进程和客户需求	2.5学时	
3	编制检测方案	在90min内完成编写，任务描述清晰，检验标准符合客户要求、国标方法要求，工作标准、工作要求、仪器设备等与流程内容一一对应	6.0学时	
4	评价		0.5学时	

一、编制工作流程

1. 我们之前完成了生活污水中铅的检测项目，回忆一下分析检测项目的主要工作流程一般可分为5部分完成，分别是配制溶液、确认仪器状态、验证检测方法、实施分析检测和出具检测报告。

请回忆一下，各部分的主要工作任务有哪些呢？各部分的工作要求分别是什么？大约需要花费多少时间呢（表3-10）？

表3-10　任务名称：________

序号	工作流程	主要工作内容	评价标准	花费时间/h
1	配制溶液			
2	确认仪器状态			
3	验证检测方法			
4	实施分析检测			
5	出具检测报告			

2. 请你分析本项目选择的检测方法和作业指导书，写出工作流程，并写出完成的具体工作内容和要求（表3-11）。

表3-11　工作内容和要求

序号	工作流程	主要工作内容	要求
1			
2			
3			
4			
5			
6			
7			
8			
9			
10			

二、编制仪器设备清单

1. 为了完成检测任务，需要用到哪些试剂呢？请列表完成（表3-12）。

表3-12　试剂规格及配制方法

序号	试剂名称	规格	配制方法
1			
2			
3			
4			
5			
6			
7			
8			
9			
10			

2. 为了完成检测任务，需要用到哪些仪器设备呢？请列表完成（表3-13）。

表 3-13 仪器规格及作用

序号	仪器名称	规格	作用	是否会操作
1				
2				
3				
4				
5				
6				
7				
8				
9				
10				

3. 如何配制 100mg/L 汞标准溶液的呢？

4. 如果要配制 1mg/L 汞中间溶液，你的操作步骤是怎样的？标准溶液是如何保存的？

三、编制检测方案（表 3-14）

表 3-14　检测方案

方案名称：

一、任务目标及依据

（填写说明：概括说明本次任务要达到的目标及相关标准和技术资料）

二、工作内容安排

（填写说明：列出工作流程、工作要求、仪器设备及试剂、人员和时间安排等）

工作流程	工作要求	仪器设备及试剂	人员	时间安排

三、验收标准

（填写说明：本项目最终的验收相关项目的标准）

四、有关安全注意事项及防护措施等

（填写说明：对检测的安全注意事项及防护措施，废弃物处理等进行具体说明）

四、评价（表 3-15）

表 3-15 评价

评分项目			配分	评分细则	自评得分	小组评价	教师评价
素养（20分）	纪律情况（5分）	不迟到，不早退	2分	违反一次不得分			
		积极思考，回答问题	2分	根据上课统计情况得1～2分			
		三有一无（有本、笔、书，无手机）	1分	违反规定不得分			
		执行教师命令	0分	此为否定项，违规酌情扣10～100分，违反校规按校规处理			
	职业道德（5分）	与他人合作	2分	主动合作得2分；被动合作得1分			
		追求完美	3分	对工作精益求精且效果明显得3分；对工作认真得2分；其余不得分			
	5S（5分）	场地、设备整洁干净	3分	合格得3分；不合格不得分			
		服装整洁，不佩戴饰物	2分	合格得2分；违反一项扣1分			
	职业能力（5分）	策划能力	3分	按方案策划逻辑性得1～3分			
		资料使用	2分	正确查阅作业指导书和标准得2分；错误不得分			
		创新能力*（加分项）	5分	项目分类、顺序有创新，视情况得1～5分			
核心技术（60分）	时间（5分）	时间要求	5分	90min内完成得5分；超时10min扣2分			
	目标依据（5分）	目标清晰	3分	目标明确，可测量得1～3分			
		编写依据	2分	依据资料完整得2分；错/漏一项扣1分			
	检测流程（15分）	项目完整	7分	完整得7分；错/漏一项扣1分			
		顺序	8分	全部正确得8分；错/漏一项扣1分			
	工作要求（5分）	要求清晰准确	5分	完整正确得5分；错/漏一项扣1分			
	仪器设备试剂（10分）	名称完整	5分	完整、型号正确得5分；错/漏一项扣1分			
		规格正确	5分	数量型号正确得5分；错/漏一项扣1分			
	人员（5分）	组织分配合理	5分	人员安排合理，分工明确得5分；组织不适一项扣1分			
	验收标准（5分）	标准	5分	标准查阅正确、完整得5分；错/漏一项扣1分			
	安全注意事项及防护等（10分）	安全注意事项	5分	归纳正确、完整，视情况得1～5分			
		防护措施	5分	按措施针对性，有效性得1～5分			
工作页完成情况（20分）	按时完成工作页（20分）	按时提交	5分	按时提交得5分，迟交不得分			
		完成程度	5分	按情况分别得1～5分			
		回答准确率	5分	视情况分别得1～5分			
		书面整洁	5分	视情况分别得1～5分			
总分			100分				
综合得分（自评20%，小组评价30%，教师评价50%）							
教师评价签字：				组长签字：			

续表

请你根据以上打分情况，对本活动当中的工作和学习状态进行总体评述（从素养的自我提升方面、职业能力的提升方面进行评述，分析自己的不足之处，描述对不足之处的改进措施）。
教师指导意见

学习活动三　实施检测

建议学时：36学时

学习要求：按照检测实施方案中的内容，完成工业废水中汞含量的分析，过程中符合安全、规范、环保等5S要求，具体要求见表3-16。

表3-16　具体工作步骤及要求

序号	工作步骤	要　　求	学时	备注
1	配制溶液	规定时间内完成溶液配制，准确，原始数据记录规范，操作过程规范	4.0学时	
2	确认仪器状态	能够在阅读仪器的操作规程指导下，正确的操作仪器，并对仪器状态进行准确判断	8.0学时	
3	验证检测方法	能够根据方法验证的参数，对方法进行验证，并判断方法是否合适	8.0学时	
4	实施分析检测	严格按照标准方法和作业指导书要求实施分析检测，最后得到样品数据	15.5学时	
5	评价		0.5学时	

一、安全注意事项

现在我们要学习一个新的检测任务——工业废水中汞含量的分析，使用的仪器主要是原子荧光分光光度计。由于在原子吸收分析中经常接触电器设备、高压钢瓶、使用明火，因此应时刻注意安全，掌握必要的电器常识、急救知识、灭火器的使用等相关知识。请你查阅相关资料回答问题：原子荧光仪器使用的安全注意事项有哪些？

（1）__________

（2）__________

（3）__________

（4）__________

（5）__________

二、配制溶液

1. 请你查阅相关资料，完成标准贮备液的配制，并做好原始记录。

2. 汞标准溶液该选择哪种物质来配制标准贮备液？选择的理由是什么？

3. 你们小组设计的标准工作液浓度是多少？（表 3-17）

表 3-17　标准工作液浓度

容量瓶编号	标准溶液				
	1	2	3	4	5
汞标准工作液浓度/(mg/L)					
吸取标准贮备液的体积/mL					
定容体积/mL					
汞中间贮备液浓度/(mg/L)					

记录配制过程：

（1）__________

（2）__________

（3）__________

（4）__________

（5）__________

你的小组在配制过程中出现的异常现象及处理方法：

（1）______

（2）______

（3）______

（4）______

4. 请大家参考在国标中配制铅标准溶液中，在 1000mL 纯水中加 1.5mL 硝酸。在水样预处理过程中有“每升水样中加 1.5mL 硝酸酸化使 pH 小于 2”。而在国标测汞的标准溶液的配制中，吸取汞的标准溶液用纯水定容，样品的准备过程中要加入盐酸、溴酸钾和溴化钾溶液。请问两者配备标准曲线的不同，说明你的理由。

5. 请你查阅资料说明在测定水样中的汞时，加入盐酸、溴酸钾和溴化钾溶液和盐酸羟胺的作用？

三、确认仪器状态

1. 原子荧光分光光度计的主要部件：激发光源，原子化系统，分光系统，检测系统，光源与检出信号的电源同步调制系统五部分。仪器的基本结构与原子吸收分光光度计相似（图 3-1）。

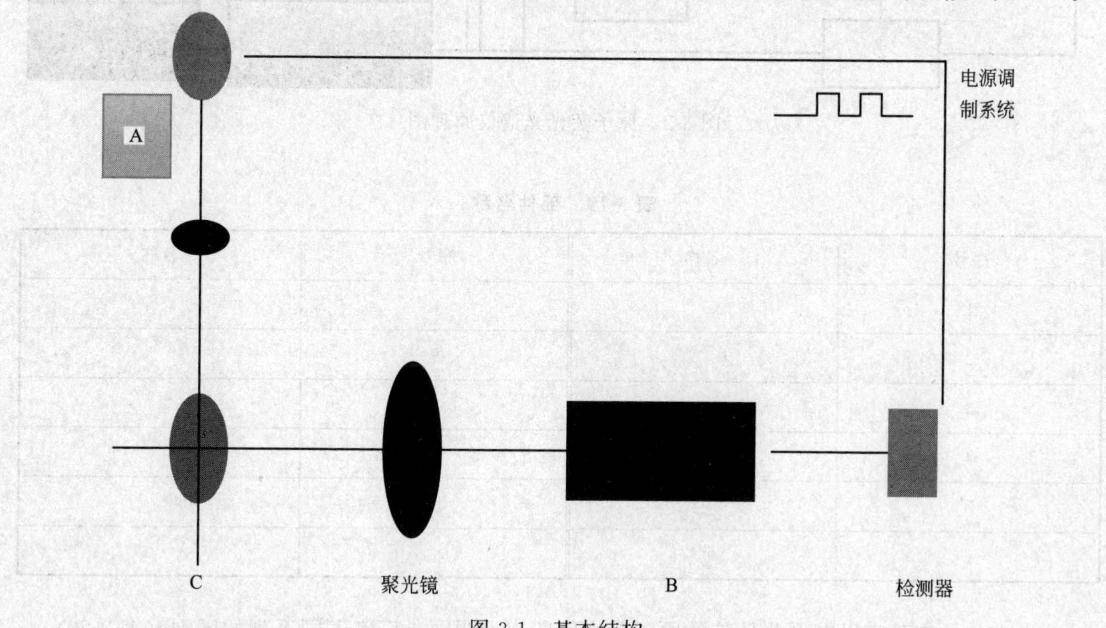

图 3-1 基本结构

请你根据资料说明图中 A、B、C 分别是______、______和______，它们的作用是什么(表 3-18)？

表 3-18　各部分名称及作用

序号	名称	作用
A		
B		
C		

2. 请你根据作业指导书参看原子荧光光谱仪原理图（以双通道原子荧光光谱仪为例），说明氢化物（蒸气）发生原子荧光光谱仪的原理图部件（图 3-2）。各部件名称见表 3-19。

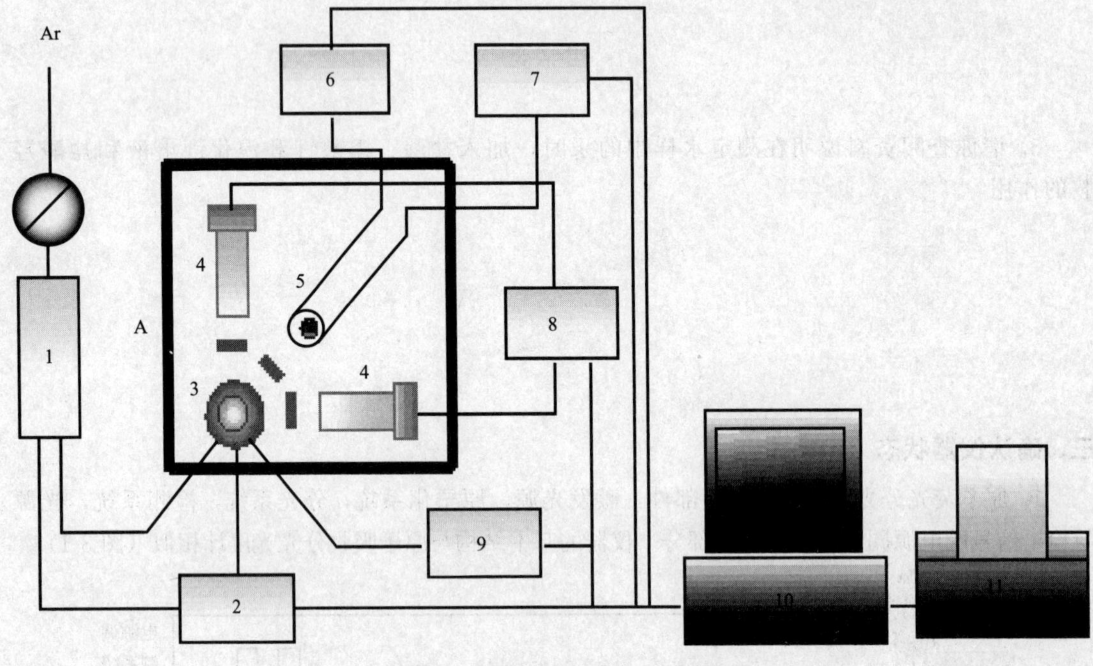

图 3-2　原子荧光光谱仪原理图

表 3-19　部件名称

序号	名称	序号	名称
1		7	
2		8	
3		9	
4		10	
5		11	
6			

3. 在你的实验室里有哪些品牌的原子荧光仪器，说明同一厂家不同系列的区别（表 3-20）。

表 3-20 不同系列优缺点

仪器厂家	仪器	优点	缺点

4. 请你根据原子荧光的作业指导书，比较原子吸收仪器与原子荧光仪器的异同点（表 3-21）。

表 3-21 原子吸收与原子荧光仪器的异同点

仪器	相同点	不同点
原子吸收		
原子荧光		

5. 请阅读原子荧光仪器操作规程，完成开机操作，并记录开机的现象及注意事项（表 3-22）。

表 3-22 开机现象及注意事项

步骤序号	内容	观察到的现象及注意事项
1		
2		
3		
4		
5		
6		
7		
8		
9		
10		

6. 按照操作规程，记录仪器状态，并判断仪器状态是否稳定（表 3-23）。

表 3-23 仪器状态

仪器编号		组别	
参数	数值	是否正常	非正常处理方法

7. 完成仪器准备确认单（表 3-24）。

表 3-24 仪器准备确认单

序号	仪器名称	状态确认	
		可行	否,解决办法
1			
2			
3			
4			
5			
6			
7			
8			
9			

四、验证检测方法（表 3-25~表 3-27）

表 3-25 检测方法验证评估表

记录格式编号：AS/QRPD002—40

<table>
<tr><td>方法名称</td><td colspan="3"></td></tr>
<tr><td>方法验证时间</td><td></td><td>方法验证地点</td><td></td></tr>
<tr><td colspan="4">方法验证过程：</td></tr>
<tr><td colspan="4">方法验证结果：

验证负责人：　　　　日期：</td></tr>
</table>

方法验证人员	分工	签字

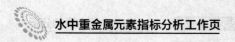

表 3-26　检测方法试验验证报告

记录格式编号：AS/QRPD002—41

方法名称					
方法验证时间			方法验证地点		
方法验证依据					
方法验证结果					

验证人：　　　　　　　　　　校核人：　　　　　　　　　　日期：

表 3-27　新检测项目试验验证确认报告

记录格式编号：AS/QRPD002—52

方法名称			
检测参数			
检测依据			
方法验证时间		方法验证地点	
验证人		验证人意见	
技术负责人意见 签字：　　日期：			
中心主任意见 签字：　　日期：			

1. 方法验证主要验证哪些参数呢？请记录工作过程（表 3-28）。

表 3-28　工作过程

序号	参数	工作过程
1		
2		
3		
4		
5		
6		

2. 方法验证的结果是什么呢？它有哪些参数符合你的小组的测定，如果有不符合的参数，请你的小组经过讨论说出如何优化。

五、实施分析检测

1. 请记录检测过程中出现的问题及解决方法（表 3-29）。

表 3-29　出现的问题及解决方法

序号	出现的问题	解决方法	原因分析
1			
2			
3			
4			
5			

2. 请做好实验记录（表 3-31），并且在仪器旁的仪器使用记录上进行签字（表 3-30）。

表 3-30　仪器使用记录

小组名称		组员	
仪器型号/编号		所在实验室	
元素灯的选择		灯电流	
负高压		载气流量	
屏蔽气流量		原子化器高度	
仪器使用是否正常			
组长签名/日期			

- **小测验**

阅读资料：

1. 原子荧光光谱仪的原子化器高度是指原子化器顶端到透镜中心水平线的垂直距离。其指示的高度数值越大，原子化器高度越低，氩氢火焰的位置越低，见图 3-3。

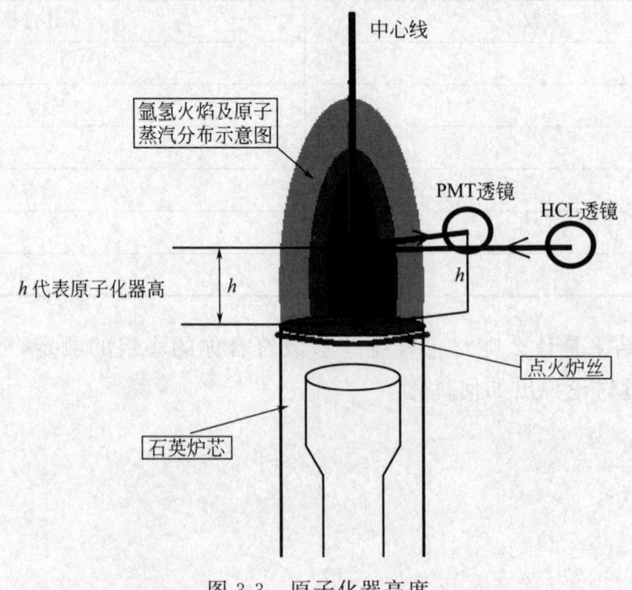

图 3-3　原子化器高度

请你说明你的小组调整原子化器高度的操作步骤。

2. 原子荧光光度计专用的原子化器，其屏蔽式石英炉芯由双层结构的同轴石英管构成，见图 3-4。

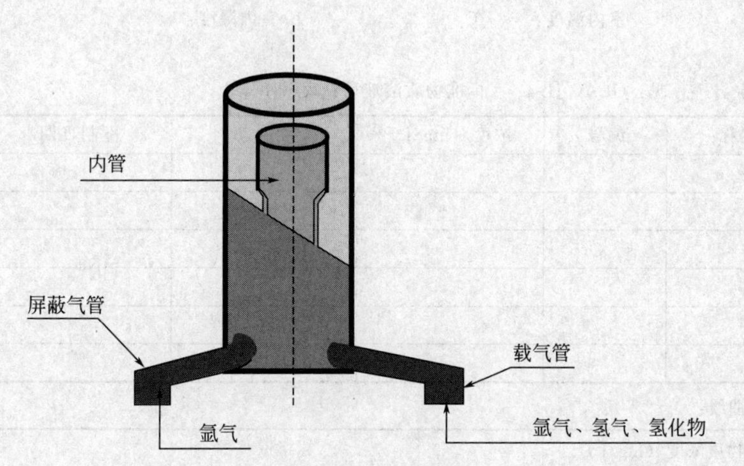

图 3-4 原子化器

请你说出原子荧光光度计专用的原子化器的工作原理。

3. 图 3-5 是读数时间、延迟时间与荧光强度的关系图。

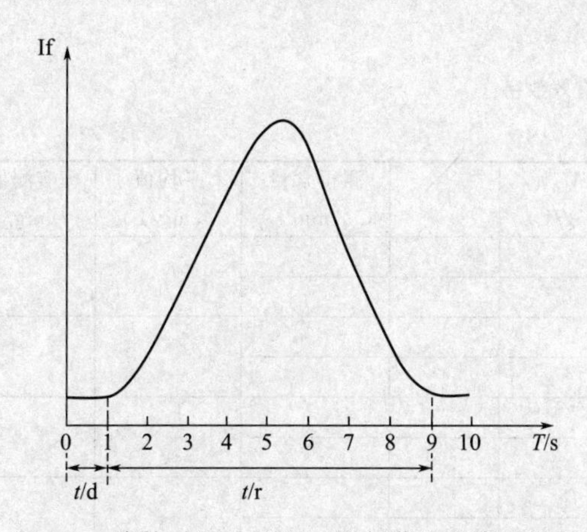

图 3-5 读数时间、延迟时间与荧光强度的关系

请你指出读数时间、延迟时间在图中代表的意义。

表 3-31　北京市工业技师学院分析测试中心工业废水中汞含量的分析原始记录

编号：GLAC-JL -R058-1　　序号：

样品类别：　　检测日期：

样品状态：　　与任务书是否一致：□一致　□不一致

不一致的样品编号及相关说明：

检测项目：

检测依据：GB/T 5750.6—2006 生活饮用水标准检验方法金属指标

仪器名称：　　仪器编号：

检测地点：　　室内温度：　℃　　室内湿度：　%

标准物质标签：　　见：GLAC-JL-42-　标准物质溶液稀释表（序号：　　）

标准工作液名称	编号	浓度/(mg/L)	配制人	配制日期	失效日期

标准物质工作曲线：

工作曲线标准物质浓度/(mg/L)					
荧光强度值					
回归方程			r		

标准物质工作曲线：

计算公式：

$$C = M \times D$$

式中　C——样品中待测元素含量，mg/L；

M——由校准曲线上查得样品中待测元素的含量，mg/L；

D——样品稀释倍数。

检测结果：

检出限：检测结果保留三位有效数字

编号：GLAC-JL -R058-1　　序号：

样品编号	样品名称	M /(mg/L)	D	测得含量 C/(mg/L)	平均值 /(mg/L)	实测值 /(mg/L)	测得偏差 /%	允许偏差 /%

检测人：　　校核人：

第　页共　页

3. 请阅读下列资料说明什么是仪器的检出限？检出限的操作方法是什么（表 3-32）？

检出限是指能以 99.7%（三倍标准偏差）的置信度检测出试样中被测组分的最低含量或最小浓度，是仪器或分析方法的一项综合指标，也是检出能力的表征。

将仪器各参数调至正常工作状态，用空白溶液调零，根据仪器灵敏度条件，选择系列：0.0ng/mL，1.0ng/mL，2.0ng/mL，3.0ng/mL，4.0ng/mL，5.0ng/mL 汞标准溶液，对每一浓度点分别进行三次荧光值重复测定，取三次测定的平均值后，按线性回归法求出工作曲线的斜率（b），即为仪器测定汞的灵敏度（S）。

在与上述完全相同的条件下，对空白溶液进行 11 次吸光度测量，并求出其标准偏差（S_A），并按下列公式计算出检出限 C_L。

$$C_L = 3S_A/b$$

式中　b——工作曲线的斜率。

表 3-32　计算检出限

空白吸光度测量											
11 次空白标准偏差											
工作曲线斜率											
检出限											

4. 请阅读下列资料说明什么是仪器的定量限？定量限怎么计算？你的小组测定溶液的定量限是多少？

定量限是指分析方法实际可能定量测定某组分的下限。定量限不仅与测定噪声有关，而且也受到“空白”值绝对水平的限制，只有当分析信号比“空白”值大到一定程度时才能可靠地分辨与检测出来。一般以 10 倍空白信号的标准偏差所相应的量值作为定量限，也有用 3 倍检出限作为定量限。

- **小测试**

现有一个已知浓度的水样，其中汞含量大概为 2mg/L，已知工作曲线浓度为 0.0ng/mL，1.0ng/mL，2.0ng/mL，3.0ng/mL，4.0ng/mL，5.0ng/mL 汞标准溶液。

请你使用原子荧光仪器测定水中汞含量，设计测定水中汞加标样品的操作方案，并计算回收率。

（1）请问，你用哪种前处理方法处理水样？

（2）你准备选择哪种方法来测定，并说明理由。

（3）请说明你的操作详细步骤。

（4）以上的操作方法是以样品加标回收率作为检测结果准确度的评估。请你分析测量误差及回收率产生的原因有哪些？

六、教师考核表（表 3-33）

表 3-33 教师考核表

工业废水中汞含量的分析实施检测方案工作流程评价表								
第一阶段：配制溶液（10 分）					正确	错误	分值	得分
1	配制定容溶液		定容溶液准备				4 分	
2			定容溶液选择					
3			定容溶液移取					
4			定容溶液配制					
5			定容溶液保存					
6	配制标准溶液（备注：需要填写标准溶液配制记录）		标准溶液选择				4 分	
7			标准中间溶液浓度选择					
8			标准中间溶液移取定容					
9			标准中间溶液保存					
10	配制标准工作液		标准工作曲线浓度计算				2 分	
11			标准工作曲线移取定容					
12			标准工作曲线保存					
第二阶段：确认仪器设备状态（30 分）					正确	错误	分值	得分
13	认知仪器	检测仪器	仪器基本信息				4 分	
14			仪器按钮信息					
15			光源位置					
16			原子化器位置					
17			分光系统位置					
18			检测系统位置					
19			原子化器室	原子化器			2 分	
				屏蔽气管				
				载气管				
				气液分离器装置				
20				二级气液分离器				
				升降机构				
			自动进样器	采样管			2 分	
				采样臂				
				采样针				
				空白杯				
				精度测量杯				
				样品环				
				样品杯架				
				载溜槽				
				载溜槽补液接口				
			氢化物发生装置	注射泵			2 分	
				三通				
				蠕动泵				
				接二级气液分离器				
				排废液口				
				一级气液分离器入口				
				反应块				

续表

第二阶段:确认仪器设备状态(30分)				正确	错误	分值	得分
21	确认仪器状态	实训室安全	检查实训室水电气			2分	
22			检查排风设备				
23		开机操作	打开电源开关			6分	
24			打开电脑				
25			选择空隙阴极灯				
26			空隙阴极灯安装				
27			空隙阴极灯固定				
28			盖好灯室门				
29			连接泵管			6分	
30			在载溜槽中加入载流				
31			打开主机电源				
32			进入软件操作界面				
33			调节光斑位置				
34			开启氩气瓶使压力在0.25～0.35MPa之间				
35			设置测量参数			4分	
36			点火预热仪器30min				
37		关机操作	与开机操作相反			2分	

第三阶段:检测方法验证(10分)		正确	错误	分值	得分
38	填写检测方法验证评估表			5分	
39	填写检测方法试验验证报告				
40	填写新检测项目试验验证确认报告			5分	
备注:需要填写检测方法验证原始记录					

第四阶段:实施分析检测(20分)		正确	错误	分值	得分
41	样品预处理方法选择			5分	
42	样品预处理操作				
43	设置标准曲线浓度			10分	
44	设置样品信息				
45	仪器稳定30min后分析				
46	仪器校零				
47	进样管清洗				
48	标准工作曲线测定				
49	建立标准曲线				
50	标准曲线方程的判断				
51	样品空白与样品的测定				
52	样品检测结果记录				
53	质控样品检测结果记录			5分	
54	样品检测结果自平行				
55	质控样品检测结果自平行				
备注:需要填写检测结果原始记录					

续表

第五阶段:原始记录评价(10分)			正确	错误	分值	得分
56	填写标准溶液原始记录				10分	
57	填写仪器操作原始记录					
58	填写检测方法验证原始记录					
59	填写检测结果原始记录					
工业废水中汞含量的分析测项目分值小计					80分	
综合评价项目		详细说明			分值	得分
1	基本操作规范性	动作规范准确得5分			5分	
		动作比较规范,有个别失误得2分				
		动作较生硬,有较多失误得1分				
2	熟练程度	操作非常熟练得3分			3分	
		操作较熟练得2分				
		操作生疏得1分				
3	分析检测用时	按要求时间内完成得3分			3分	
		未按要求时间内完成得2分				
4	实验室5S	试验台符合5S得2分			2分	
		试验台不符合5S得1分				
5	礼貌	对待考官礼貌得2分			2分	
		欠缺礼貌得1分				
6	工作过程安全性	非常注意安全得5分			5分	
		有事故隐患得1分				
		发生事故得0分				
综合评价项目分值小计					20分	
总成绩分值合计					100分	

七、评价（表 3-34）

表 3-34　评价

评分项目			配分	评分细则	自评得分	小组评价	教师评价
素养（20分）	纪律情况（5分）	不迟到，不早退	2分	违反一次不得分			
		积极思考回答问题	2分	根据上课统计情况得1～2分			
		三有一无（有本、笔、书，无手机）	1分	违反规定不得分			
		执行教师命令	0分	此为否定项，违规酌情扣10～100分，违反校规按校规处理			
	职业道德（5分）	与他人合作	2分	不符合要求不得分			
		追求完美	3分	对工作精益求精且效果明显得3分；对工作认真得2分；其余不得分			
	5S（5分）	场地、设备整洁干净	3分	合格得3分；不合格不得分			
		服装整洁，不佩戴饰物	2分	合格得2分；违反一项扣1分			
	职业能力（5分）	策划能力	3分	按方案策划逻辑性得1～5分			
		资料使用	2分	正确查阅作业指导书和标准得2分；错误不得分			
		创新能力*（加分项）	5分	项目分类、顺序有创新，视情况得1～5分			
核心技术（60分）	教师考核分×0.6＝______						
工作页完成情况（20分）	按时完成工作页（20分）	按时提交	5分	按时提交得5分，迟交不得分			
		完成程度	5分	按情况分别得1～5分			
		回答准确率	5分	视情况分别得1～5分			
		书面整洁	5分	视情况分别得1～5分			
总分							
综合得分（自评20%，小组评价30%，教师评价50%）							
教师评价签字：				组长签字：			

续表

<table>
<tr><td>请你根据以上打分情况，对本活动当中的工作和学习状态进行总体评述（从素养的自我提升方面、职业能力的提升方面进行评述，分析自己的不足之处，描述对不足之处的改进措施）。</td></tr>
<tr><td>教师指导意见</td></tr>
</table>

学习活动四　验收交付

建议学时：4学时

学习要求：能够对检测原始数据进行数据处理并规范完整地填写报告书，对超差数据原因进行分析，具体要求见表3-35。

表3-35　具体工作步骤及要求

序号	工作步骤	要　　求	学时	备注
1	编制数据评判表	计算精密度、准确度、相关系数、互平行数据并填写评判表	2.0学时	
2	编写成本核算表	能计算耗材和其他检测成本	1.0学时	
3	填写检测报告书	依据规范出具检测报告校对、签发	0.5学时	
4	评价	按评价表对学生各项表现进行评价	0.5学时	

一、编制数据评判表

1. 对原始记录数据进行计算，并将计算结果填写在原始记录报告单上。

2. 请写出待测元素含量计算公式、精密度计算公式和质量控制计算公式，并计算汞的相关数据。

3. 数据评判表（表 3-36）。

表 3-36 数据评判表

(1)相关规定

① 精密度≤10%，满足精密度要求

精密度>10%，不满足精密度要求

② 相关系数≥0.995，满足要求

相关系数<0.995，不满足要求

检出限查阅相关标准和仪器说明书

③ 互平行≤15%，满足精密度要求

互平行>15%，不满足精密度要求

④ 质控范围：90%～120%

(2)实际水平及判断：符合准确性要求：是□ 否□

① 精密度判断

内容	汞
精密度测定值	
判定结果 是或否	

② 检出限判断

内容	汞
检出限测定值	
判定结果 是或否	

工作曲线相关系数判断

内容	汞
相关系数	
判定结果 是或否	

③ 互平行判断

内容	汞
互平行测定值	
判定结果 是或否	

④ 质控结果测定结果可靠性对比判断表

内容	汞
质控样测定值	
质控样真实值	
回收率%	
判定结果	

(3)若不能满足规定要求时，请小组讨论，说明是什么原因造成的？

二、编写成本核算表（表 3-37、表 3-38）

1. 请小组讨论，回顾整个任务的工作过程，罗列出我们所使用的试剂、耗材，并参考库房管理员提供的价格清单，对此次任务进行成本估算。

表 3-37 试剂、耗材成本估算

序号	试剂名称	规格	单价/元	使用量	成本/元
1					
2					
3					
4					
5					
6					
7					
8					
9					
10					
11					
12					
13					
合计					

2. 工作中，除了试剂耗材成本以外，要完成一个任务，还有哪些成本呢？比如人工成本、固定资产折旧等，请小组讨论，罗列出至少 3 条。

表 3-38 其他成本估算

序号	项目	单价/元	使用量	成本/元
1				
2				
3				
4				
5				

3. 如何有效地在保证质量的基础上控制成本呢？请小组讨论，罗列出至少 3 条。

(1) ______________________________

(2) ______________________________

(3) ______________________________

(4) ______________________________

三、填写检测报告书（表 3-39）

如果检测数据评判合格，按照报告单的填写程序和填写规定认真规范填写检测报告书，如果评判数据不合格，需要重新检测数据合格后填写检测报告。

表 3-39 北京市工业技师学院

分析测试中心

检 测 报 告 书

检品名称________________________________

被检单位________________________________

报告日期 年 月 日

检测报告书首页

北京市工业技师学院分析测试中心

字（20　年）第　　号

检品名称＿＿＿＿＿＿＿＿＿＿＿＿＿＿＿＿＿＿＿＿ 检测类别　委托（送样）

被检单位＿＿＿＿＿＿＿＿＿＿ 检品编号＿＿＿＿＿＿＿＿＿＿

生产厂家＿＿＿＿＿＿＿＿＿＿ 检测目的＿＿＿＿＿＿ 生产日期＿＿＿＿

检品数量＿＿＿＿＿＿＿＿＿＿ 包装情况＿＿＿＿＿＿ 采样日期＿＿＿＿

采样地点＿＿＿＿＿＿＿＿＿＿ 检品性状＿＿＿＿＿＿ 送检日期＿＿＿＿

检测项目＿＿＿＿＿＿＿＿＿＿＿＿＿＿＿＿＿＿＿＿＿＿＿＿

检测及评价依据：

本栏目以下无内容

结论及评价：

本栏目以下无内容

检测环境条件：　　　　温度：　　　　相对湿度：　　　　气压：

主要检测仪器设备：

名称　　　　编号　　　　型号

名称　　　　编号　　　　型号

报告编制：　　　　校对：　　　　签发：　　　　盖章

年　　月　　日

报告书包括封面、首页、正文（附页）、封底，并盖有计量认证章、检测章和骑缝章。

检测报告书

项目名称	限值	测定值	判定

报告书包括封面、首页、正文（附页）、封底，并盖有计量认证章、检测章和骑缝章。

四、评价（表3-40）

请你根据下表要求对本活动中的工作和学习情况进行打分。

表3-40　评价

项次	项目要求		配分	评分细则	自评得分	小组评价	教师评价
素养（20分）	纪律情况（5分）	按时到岗，不早退	2分	违反规定，每次扣1分			
		积极思考回答问题	2分	根据上课统计情况得1～2分			
		三有一无（有本、笔、书，无手机）	1分	违反规定不得分			
		执行教师命令	0分	此为否定项，违规酌情扣10～100分，违反校规按校规处理			
	职业道德（10分）	能与他人合作	3分	不合作不得分			
		数据填写	3分	能客观真实得3分；篡改数据0分			
		追求完美	4分	对工作精精益求精且效果明显得4分；对工作认真得3分；其余不得分			
	成本意识（5分）		5分	有成本意识，使用试剂耗材节约，能计算成本量5分；达标得3分；其余不得分			
核心技术（60分）	数据处理（5分）	能独立进行数据的计算和取舍	5分	独立进行数据处理，得5分；在同学老师的帮助下完成，可得2分			
	数据评判（40分）	能正确评判工作曲线和相关系数	10分	能正确评判合格与否得10分；评判错误不得分			
		能够评判精密度是否合格	10分	自平行≤5%得10分，5%～10%之间得0～10分；自平行>10%不得分			
		能够达到互平行标准	10分	互平行≤10%得10分，10%～15%之间得0～10分；自平行>15%不得分			
		能够达到质控标准	10分	能够达到质控值得10分			
	报告填写（15分）	填写完整规范	5分	完整规范得5分，涂改填错一处扣2分			
		能够正确得出样品结论	5分	结论正确得5分			
		校对签发	5分	校对签发无误得5分			
工作页完成情况（20分）	按时完成工作页（20分）	及时提交	5分	按时提交得5分，迟交不得分			
		内容完成程度	5分	按完成情况分别得1～5分			
		回答准确率	5分	视准确率情况分别得1～5分			
		有独到的见解	5分	视见解程度分别得1～5分			
总分							
加权平均（自评20%，小组评价30%，教师评价50%）							
教师评价签字：				组长签字：			

续表

请你根据以上打分情况，对本活动当中的工作和学习状态进行总体评述（从素养的自我提升方面、职业能力的提升方面进行评述，分析自己的不足之处，描述对不足之处的改进措施）。
教师指导意见

学习活动五　总结拓展

建议学时：6学时

学习要求：通过本活动，总结本项目的作业规范和核心技术，并通过同类项目练习进行强化（表3-41）。

表3-41　具体工作步骤及要求

序号	工作步骤	要　求	学时	备注
1	撰写项目总结	能在60min内完成总结报告撰写，要求提炼问题有价值，能分析检测过程中遇到的问题	2.0学时	
2	编制检测方案	在60min内按照要求完成工业废水中汞的测定方案的编写	3.5学时	
3	评价		0.5学时	

一、撰写项目总结（表 3-42）

要求：

（1）语言精练，无错别字。

（2）编写内容主要包括：学习内容、体会、学习中的优缺点及改进措施。

（3）要求字数 500 字左右，在 60min 内完成。

表 3-42 项目总结

项目总结

一、任务说明

二、工作过程

序号	主要操作步骤	主要要点
1		
2		
3		
4		
5		
6		
7		

三、遇到的问题及解决措施

四、个人体会

二、编制检测方案（表 3-43）

请查阅 GB/T 5750.6—2006 和附录的作业指导书（表 3-44），编写饮用水中汞的测定方案。

表 3-43 检测方案

方案名称：

一、任务目标及依据

（填写说明：概括说明本次任务要达到的目标及相关标准和技术资料）

二、工作内容安排

（填写说明：列出工作流程、工作要求、仪器设备及试剂、人员和时间安排等）

工作流程	工作要求	仪器设备及试剂	人员	时间安排

三、验收标准

（填写说明：本项目最终的验收相关项目的标准）

四、有关安全注意事项及防护措施等

（填写说明：对检测的安全注意事项及防护措施，废弃物处理等进行具体说明）

表 3-44 作业指导书

北京市工业技师学院分析检测中心作业指导书	文件编号：BJTC-BFSOP083-V1.0
主题：工业废水中汞的测定	第 1 页共 2 页

工业废水中总汞的测定

方法：原子荧光光度法

仪器：AFS-9700 双光道原子荧光光度计

测定步骤

1. 试剂配制

① 溴酸钾-溴化钾：称取 2.784g 溴酸钾（$KBrO_3$）和 10g 溴化钾 KBr，溶于纯水中并定容至 1000mL。

② 盐酸羟胺（120g/L）-氯化钠（120g/L）溶液：称取 12g 盐酸羟胺和 12g 氯化钠，溶于纯水中并定容至 100mL。

③ 氯化亚锡溶液（100g/L）：称取 100g 氯化亚锡（$SnCl_2 \cdot 2H_2O$），先溶于 100mL 盐酸中，必要时可加热，然后用纯水稀释至 1000mL。

或用 0.04%$NaBH_4$-0.5%NaOH 称取 0.2g 硼氢化钠（$NaBH_4$）和 2.5g 氢氧化钠（NaOH），溶于纯水中并定容至 500mL。

④ 汞标准储备液（100mg/L）：称取 0.1353g 经硅胶干燥器放置 24h 的氯化汞（$HgCl_2$），溶于重铬酸钾（0.5g/L）-硝酸溶液（1+19），并将此溶液定容至 1000mL。

⑤ 汞标准使用液（5.00μg/L）：取汞标准储备液（100mg/L）用重铬酸钾（0.5g/L）-硝酸溶液（1+19）逐级稀释。

⑥ 10%盐酸或 3%硝酸。

2. 样品和标准系列的预处理

吸取 25.0mL 样品于 25mL 比色管中，加 1.0mL 浓硫酸摇匀，加 2.0mL 溴酸钾-溴化钾摇匀后室温（若室温低于 20℃可用水浴加热）下放置 10min；滴加盐酸羟胺-氯化钠溶液至黄色褪尽。

同时取汞标准使用液（5.00mL）0mL、0.50mL、1.00mL、2.00mL、3.00mL、4.00mL、5.00mL 于 50.0mL 比色管中（则浓度为 0.00μg/L、0.050μg/L、0.100μg/L、0.200μg/L、0.300μg/L、0.400μg/L、0.500μg/L），加水至 50.0mL。加 2.0mL 浓硫酸摇匀，加 4.0mL 溴酸钾-溴化钾摇匀后室温（若室温低于 20℃可用水浴加热）下放置 10min；滴加盐酸羟胺-氯化钠溶液至黄色褪尽。

3. 上机测定

① 首先检查进样装置是否连接好，换好元素灯，打开主机和蠕动泵电源，打开微机电源。观察灯是否点燃，并调节原子化器高度到 10mm。调节光路到中心。

② 用鼠标点击 AFS-9700 双光道原子荧光光度计，进入自检测画面，点击[全部检测]进行自检。如通讯失败，单击[取消]，退出 AFS-9700 程序。重新开主机和蠕动泵。

③ 单击元素表，单击[确定]。点击文件，输入文件名，按打开。

④ 用鼠标左键单击[仪器条件]，选择原子化器高度 10mm，灯电流 15mA，延迟时间 4s。

⑤ 用鼠标左键单击[测量条件]，测量方法选择 Std. Curve（标准曲线法），输入标准曲线浓度。单击[确定]。

⑥ 用鼠标左键单击[间歇泵]，单击[确定]。一般情况使用仪器默认值。

⑦ 用鼠标左键单击[自动进样]，输入标准系列位置和样品位置，单击[确定]。

⑧ 用鼠标左键单击[样品参数]，输入样品编号，单击[确定]。

⑨ 打开载气，用鼠标左键单击[测量]，然后 Blank 点击测量，测完后自动到 Std 点击测量，测完后如标线效果不好要重测，点击重测，输入重测标样号进行重测。如需删除，点击删除，输入删除标样号，点击[确定]。选择好标准曲线后，按 Unk. S 及[测量]，单击[确定]进行样品测定。如需重测，输入重测样号进行重测。

续表

⑩ 测定完成后，点击[数据]，点击[结果]打印结果，点击[条件]打印条件。点击[工作曲线]打印工作曲线。

⑪ 按清洗程序清洗仪器，然后退出 AFS-9700 程序。关微机、主机和蠕动泵。

4. 定量分析

分别对标准工作曲线溶液与样液进样测定，并根据样液中被测物含量情况。采用外标-校准曲线法进行定量的。

5. 空白试验

除不称取试样外，其余均按上述步骤进行。

6. 结果计算

试样中汞的含量按下式计算：

$$X_i=(C_i-C_0)\times V_i/V$$

式中 X_i——试样中汞的含量，ng/g；

C_i——从标准曲线上得到的被测组分溶液浓度，ng/mL；

V_i——样品溶液定容体积，mL；

V——取样体积，mL；

C_0——样品空白值，ng/mL。

7. 检测质量控制

参照 GB/T 5750.6—2006《生活饮用水检验检疫方法金属指标》，添加浓度在标准曲线的线性范围内，且回收率范围在 70%～120%内，相对标准偏差应小于 20%，线性相关系数在 0.995 以上。

编写		审核		批准	

• **小测试**

(1) 任务过程中，如何确定仪器状态的稳定性？

(2) 任务过程中，石英炉原子化器中电炉丝断开，需要更换，请你说出更换电炉丝的操作步骤。

(3) 任务完成以后，我们应该与造纸厂进行沟通，应该主要沟通哪些问题？

(4) 整理原子吸收和原子荧光的主要区别点（表 3-45）。

表 3-45 原子吸收和原子荧光区别

序号	工作环节	原子吸收测定	原子荧光测定
1			
2			
3			
4			
5			
6			
7			
8			
9			
10			

三、评价（表 3-46）

请你根据下表要求对本活动中的工作和学习情况进行打分。

表 3-46 评价

评分项目			配分	评分细则	自评得分	小组评价	教师评价
素养（20分）	纪律情况（5分）	不迟到，不早退	2分	违反一次不得分			
		积极思考回答问题	2分	根据上课统计情况得1～2分			
		有书、本、笔，无手机	1分	违反规定不得分			
		执行教师命令	0分	此为否定项，违规酌情扣10～100分，违反校规按校规处理			
	职业道德（5分）	与他人合作	3分	不合作不得分			
		认真钻研	2分	按认真程度得1～2分			
	5S（5分）	场地、设备整洁干净	3分	合格得3分；不合格不得分			
		服装整洁，不佩戴饰物	2分	合格得2分；违反一项扣1分			
	职业能力（5分）	总结能力	3分	视总结清晰流畅，问题清晰措施到位情况得1～3分			
		沟通能力	2分	总结汇报良好沟通得1～2分			
核心技术（60分）	技术总结（20分）	语言表达	3分	视流畅通顺情况得1～3分			
		关键步骤提炼	5分	视准确具体情况得5分			
		问题分析	5分	能正确分析出现问题得1～5分			
		时间要求	2分	在60min内完成总结得2分；超过5min扣1分			
		体会收获	5分	有学习体会收获得1～5分			
	工业废水中汞的测定方案（40分）	资料使用	5分	正确查阅国家标准得5分；错误不得分			
		目标依据	5分	正确完整得5分；基本完整扣2分			
		工作流程	5分	工作流程正确得5分；错/漏一项扣1分			
		工作要求	5分	要求明确清晰得5分；错/漏一项扣1分			
		人员	5分	人员分工明确，任务清晰得5分；不明确一项扣1分			
		验收标准	5分	标准查阅正确完整得5分；错/漏一项扣1分			
		仪器试剂	5分	完整正确得5分；错/漏一项扣1分			
		安全注意事项及防护	5分	完整正确，措施有效得5分；错/漏一项扣1分			
工作页完成情况（20分）	按时完成工作页（20分）	按时提交	5分	按时提交得5分，迟交不得分			
		完成程度	5分	按情况分别得1～5分			
		回答准确率	5分	视情况分别得1～5分			
		书面整洁	5分	视情况分别得1～5分			
总分			100分				
综合得分（自评20%，小组评价30%，教师评价50%）							
教师评价签字：				组长签字：			

续表

请你根据以上打分情况，对本活动当中的工作和学习状态进行总体评述（从素养的自我提升方面、职业能力的提升方面进行评述，分析自己的不足之处，描述对不足之处的改进措施）。
教师指导意见

项目总体评价（表 3-47）

表 3-47 项目总体评价

项次	项目内容	权重	综合得分(各活动加权平均分×权重)	备注
1	接收任务	10%		
2	制定方案	20%		
3	实施检测	45%		
4	验收交付	10%		
5	总结拓展	15%		
6	合计			
7	本项目合格与否			教师签字：

请你根据以上打分情况，对本项目当中的工作和学习状态进行总体评述(从素养的自我提升方面、职业能力的提升方面进行评述，分析自己的不足之处，描述对不足之处的改进措施)。

教师指导意见